U0171647

太空

莫斯科的
空天守卫计划

铸盾

孙 宁 卢文骛 著

东方出版中心

图书在版编目（CIP）数据

太空铸盾 / 孙宁，卢文鹜著. －上海：东方出版
中心，2022.7（2023.8重印）
 ISBN 978-7-5473-1974-1

Ⅰ. ①太… Ⅱ. ①孙… ②卢… Ⅲ. ①航天－技术史
－世界－普及读物 Ⅳ. ①V4-091

中国版本图书馆CIP数据核字（2022）第040674号

太空铸盾

著　　者　孙　宁　卢文鹜
责任编辑　刘　鑫
装帧设计　钟　颖

出版发行　东方出版中心有限公司
地　　址　上海市仙霞路345号
邮政编码　200336
电　　话　021- 62417400
印 刷 者　山东临沂新华印刷物流集团有限责任公司

开　　本　890mm×1240mm　1/32
印　　张　8.375
字　　数　199千字
版　　次　2022年7月第1版
印　　次　2023年8月第2次印刷
定　　价　68.00元

作者简介

孙宁，1986 年出生于四川省成都市，莫斯科国立大学翻译系毕业，曾任国家电网有限公司格鲁吉亚东部电力公司卡杜里水电站技术翻译，现在电力系统工作。多年从事苏联技术史资料、档案资料的整理、编译、研究，先后在国内知名刊物《海陆空天惯性世界》《舰载武器》《现代舰船》《舰船知识》《兵器》《现代兵器》上发表过相关文章，代表作有《圆桌对话：俄罗斯军事工业综合体的发展前景及问题》《西方 81：教训和结论——对弗拉基米尔·尼古拉耶维奇·罗波夫大将的专访》《转折时期：苏联 P-36 陆基洲际弹道导弹研制部署历程》《苏联战略导弹潜艇战备值班机制》等。2016 年曾前往莫斯科加加林宇航员训练中心，采访俄罗斯英雄称号获得者、1998 年搭乘美国"奋进"号航天飞机和 2004 年搭乘"联盟"TMA-5 飞船两度前往国际空间站工作并进行过舱外活动的宇航员 C. Ш. 沙里波夫。

卢文鹙，1991年出生于四川省自贡市，毕业于四川外国语大学，现任《环球时报》英文版国际新闻编辑，曾专访过多名外国政要，包括联合国前秘书长潘基文、伊朗原子能机构前主席萨利希、巴基斯坦内政部前部长伊克巴尔、法国前外长法比尤斯、英国前驻华大使吴百纳、俄罗斯驻华大使杰尼索夫、乌克兰前驻华大使焦明等。代表作有《访问潘基文——改革开放是世界多边主义的重要一环》《访问萨利希——和平的能量》《访问法比尤斯——巴黎气候协定需要世界各国共同遵守》。另参与过四届奥运会和两届国际足联世界杯比赛的报道工作，曾任《人民日报》英文客户端主编。

前　言

　　美国的战略防御计划，即"星球大战"计划，或许是美苏较量期间最具争议的项目。1983 年，在高度紧张的时期，美国发起了这项发展先进导弹防御技术的研究项目。该计划对美苏关系产生了重大影响，并且在最终结束核对抗的一系列事件中发挥了重要作用。然而，它的性质至今仍有争议。

　　一种观点认为，该计划是遏制对手的军事建设战略的关键步骤，并最终导致对手输掉了冷战。该计划是双方在新领域的战略竞争，而这个领域将专注于技术——华盛顿在这方面具有优势。这种观点认为，该计划使苏方认识到，其经济和社会结构无法维持这样的技术军备竞赛，迫使莫斯科寻求让步并最终接受失败。

　　另一种观点认为，该计划对莫斯科政策的影响非常有限。尽管美国的政策影响了苏联的走向，但不构成主因。

　　莫斯科的参与者对当时事件的陈述和回忆颇为矛盾，这也使得问题复杂化。一方面，参与的行政人员通常坚持认为，他们很早就意识到了"星球大战"计划的潜力有限，且其从未迫使自己改变政策或谈判立场。另一方面，也有人认为，该计划曾引起领导层的严重关切。

莫斯科当时的政策也表明了它对该计划的担忧。在20世纪80年代的大部分时间里，导弹防御和太空竞争仍然是美苏军控谈判中争议最多的议题。1985年在日内瓦和1986年在雷克雅未克（冰岛首都）召开的美苏首脑峰会上，苏联都将美国战略防御计划作为谈判的核心问题之一。在雷克雅未克峰会上，苏联提出愿意在进攻武器上做出巨大让步，但由于美国拒绝限制该计划，提议最终撤回。这一举动常常被解释为莫斯科试图牺牲自己的进攻性武器来限制该计划，这表明其非常看重该计划的价值。总体而言，作为一个希望在科技上压倒对手的国家，苏方的行为并未前后矛盾，但客观上的确为那些认为"星球大战"计划取得了政治成功的说法提供了论据。

这个争议持续存在的原因之一是，直到最近，依然找不到关于苏联对该计划的回应的确切信息。尽管大部分信息表达出，"从对苏联经济施压并影响苏联政策的角度来看，美国战略防御计划从未取得进展"；但在没有文件证据的情况下，苏联如此重视对手的导弹防御系统的原因并不明确，而最终导致苏联停止反制该计划的机制也不明晰。

近年来披露的文件，让我们终于可以更具体地重新认识莫斯科对该计划的回应。本书的目标就是从"技术史"的角度介绍这些文件，并讨论这些新信息的意义。本书除展现了卡塔耶夫档案的内容外，在各章节中还参考、编译了下列作者撰写的资料，合计约占全书的30%：弗拉基米尔·科斯特里茨基（Владимир Кострижицкий，苏联荣誉无线电员称号获得者、乌克兰苏维埃社会主义共和国科技领域奖金

获得者、第聂伯机械制造厂总工程师）、康斯坦金·兰特拉托夫
（Константин Лантратов，俄罗斯联邦航天局前新闻发言人）、尤里·
彼得洛维奇·科尔尼洛夫（Ю. П. Корнилов，苏联天基激光航天器项
目负责人，"礼炮"设计局主任设计师）、瓦季姆·帕夫洛维奇·卢卡
舍维奇（Вадим Павлович Лукашевич，技术科学副博士、Buran.ru 站
长、1985 年全苏国民经济成就展览中心获奖者、苏霍伊设计局阿穆
尔河畔共青城分部工程师和设计师）。

　　正如预计的一样，这些文件呈现了复杂反应。和美国国内的情况
一样，莫斯科对于"星球大战"计划从未有过一致的观点。苏联政府
的谈判立场和政策，是参与决策的各机构间相互作用的复杂结果——
从部队到国防工业，再到政治领导层。总体来说，这些文件表明，该
计划虽然影响了苏联政策，但并没有加速冷战结束。该计划并没有加
快军控进程，反而使其严重复杂化，使得急于削减军备的莫斯科方面
不得不处理这些不必要的障碍。最后，证据表明，美国战略防御计划
的一个基本前提，即将军备竞赛转向先进技术领域的竞赛、吓阻苏联
参与竞争并最终为美国创造一个更稳定的以防御为主的环境，并未实
现。该计划的唯一结果是，莫斯科为此发展并准备部署一系列武器系
统，差点进一步加剧了对抗。

目　录

第一章　卡塔耶夫的档案文件

莫斯科老广场，在苏共中央委员会国防工业部（ООП ЦК КПСС，1988 年更名为苏共中央国防部）的通用机械制造处（Сектор общего машиностроения）里，那些具备非常高水平的专家曾担任指导员职务。通常，他们是来自火箭航天企业的首要主任设计师或是综合体主任。

В. Л.卡塔耶夫（В. Л. Катаев）从 1974 年起被任命为通用机械制造处指导员，此前他是南方设计局综合体的主任设计师。1986 年至1990 年，他升任通用机械制造处主任，而后作为苏共中央国防部门副主任，去领导限制战略进攻武器谈判的团队。

本书中的文件源自 В. Л.卡塔耶夫的一本记事簿中的手写表格文稿。文件原件现存于斯坦福大学胡佛研究所的卡塔耶夫档案内：В. Л.卡塔耶夫档案，第 8 盒，文件 13.8，第 70-75 页（Архив В. Л. Катаева，коробка 8，документ 13.8，стр. 70-75）。文件的生成时间大约是 1986 年。目前所见格式的文件，除去方形括号内的内容，其余所有简写和标注均与原件一致。

文件中的 Д-20 计划与"概念-Р"计划（Программа «Концепция-Р»）涵盖了由苏联无线电工业部实施的项目，СК-1000 计划与"对抗"计划（программа «Противодействие»）内的项目则由苏联通用机械制造部执行。

苏共中央委员会大楼

B. Л.卡塔耶夫

反导弹防御对抗计划
(Программы противодействия ПРО)

＊代表项目优先，п 代表已有决议，в 代表已有军事工业综合体决议

Д-20 计划

27 个试验设计工作［原型机设计工作］＋8 个科研工作＋10 个基础研究

支出——第 12 个五年计划 47 亿，第 13 个五年计划 90 亿［单位应为苏联卢布，下同］

Системные вопросы
系统性课题

＊	п			
		Фон-Ⅲ 背景-Ⅲ ［此为项目名称］	Пути построения многоэшелонной системы ПРО 多梯次反导防御系统的建设途径	ТО-90［此应为项目的某种规划所属分类的缩写及年份］
		Фундамент-1 基础-1	Фундаментальные исследования перспектив развития средств ПРО 反导防御手段发展前景的基础研究	ТО-90
		Фундамент-2 基础-2	Исследования по применению в ПРО жесткого рентгеновского излучения 研究强 X 光辐射在反导防御中的应用	ТП-86, ЭП88, изг-90
		Фундамент-3 基础-3	Фундаментальные исследования физических явлений при ядерном взрыве 核爆炸物理现象的基础研究	ТО-89
		Фундамент-4 基础-4	Фундаментальные исследования ［воздействия］ ядерного взрыва на боеспособность личного состава 核爆炸对于人员战斗力［影响］的基础研究	ТО-89

	в	Фундамент-5 基础-5	Исследования потенциальных возможностей наземных РЛС ПРО 研究反导防御陆基雷达站的潜力	ТО-90
*		Горизонт-1 地平线-1	Разработка космических информационных радиолокационно-оптических систем 研制太空雷达-光学信息系统	ЭП-88
	в	Горизонт-2 地平线-2	Исследование путей построения наземных информационных систем многоэшелонной ПРО 研究陆基多梯次反导防御信息系统的建设途径	ТО-90
		Диспетчер-1 调度员-1	Исследование характеристик КП перспективной ПРО 研究未来反导防御指挥所的性能	ТО-89
		Сет-1 话机-1	Создание системы передачи данных на базе спутниковых каналов связи 建立卫星通信通道基础上的数据传输系统	ЭП-88
	в	Сет-2 话机-2	Создание системы передачи данных и связи 建立数据传输及通信系统	ЭП-87
	п	Интеграл-Ⅲ 积分-Ⅲ	Разработка методов селекции ББ сложных баллистических целей 针对复杂弹道目标的战斗部，研制识别方法	ТО-87

ОКР по наземным системам

陆基系统试验设计工作 [原型机设计工作]

*	п	А-135 А-135	Система ПРО Москвы 莫斯科反导防御系统	Исп-87
*	п	А-235 А-235	Система ПРО Москвы и московского промышленного района 莫斯科及莫斯科工业区反导防御系统	ЭП-88
*	п	С-550（моб） С-550 （机动型）	Система ПРО ближнего перехвата 近距拦截反导防御系统	Изг-88，исп90
	п	А-1035 А-1035	Система [ПРО] важнейших административных центров и военных объектов 最重要行政中心及军事对象 [反导防御] 系统	ТП-88

续表

*	в	Киев 基辅	Двухдиапазонный РЛК [радиолокационный комплекс] 双波段雷达站 [雷达综合系统]	ЭП-87
	п	Онега 奥涅加	Самолетный информационно-оптический комплекс атмосферной селекции 大气层识别用途的飞机机载信息-光学综合系统	ЭП-87
	в	Гарнитур-1 附件-1	Создание вычислительно-моделирующей базы ПРО 建立反导防御计算-模拟基地	Изг-87，исп90
	в	Гарнитур-2 附件-2	Развитие измерительн [ого] комплекс [а] 发展测定系统	ЭП-87，изг90
	в	Гарнитур-3 附件-3	Развитие мишенных комплексов со средствами преодоления ПРО 发展带有反导防御突破手段的靶标综合系统	ТП-87，изг89

Разработка и создание экспериментальных средств наземных систем ПРО и проведение экспериментов в натурных условиях

研究和制造陆基反导防御系统的试验设备，进行真实条件下的试验

		Шрапнель 子母弹	Полигонный экспериментальный комплекс безъядерного поражения БГ в верхних слоях атмосферы 高层大气段战斗部非核毁伤靶场试验综合系统	ЭП-88，изг90
	в	Катет-II 直角边-II	радиолокац [ионная] информ [ация] СМ и ДМ средств 厘米波及分米波设备的雷达信息	Изг-89
	в	Катет-III 直角边-III	Радиолокационные стрельбовые средства см диапазона 厘米波段雷达射击设备	Изг-88
	в	Онега Э 奥涅加 Э	Экспериментальный самолетный радиолокационный оптико-электронный комплекс атмосферной селекции 大气层识别用途的试验型航空机载雷达光电综合系统	Изг-87，исп88

	в	Лямбда-II 拉姆达-II	Информационные радиолокационные средства мм диапазона 毫米波段雷达信息设备	Изг-87, исп88
*	в	Обходчик 巡视者	Экспериментальная ракета-зонд 试验型火箭-探测器	ТО-88
*	п	Копье II А 标枪-II А	Экспериментальная противоракета с оптоэлектронными средствами и субснарядом 采用光电手段及子弹的试验型反导导弹 〔此处子弹头指子母弹药中的子弹〕	Изг-87, исп88
*	п	Копье II Б 标枪-II Б	Противоракета с полуактивной головкой самонаведения 带半主动自导头的反导导弹	ЭП-87, изг88, исп-90
*	в	ПИКА 长枪	Экспериментальная противоракета дальнего перехвата 试验型远距离反导导弹	ЭП-88
*	п	Самбо 桑勃	Комплекс активной защиты пунктов управления и ШПУ 指挥所及竖井式发射装置的主动防御综合系统	Изг-87, исп89
	в	Стрела III 箭 III	Совершенствование характеристик скоростной противоракеты ближнего перехвата 近距离高速拦截反导导弹的性能改进	ТО-89

Поисковые исследования возможности создания перспективных средств и комплексов наземной системы ПРО

未来陆基反导防御系统综合设备的制造可行性探索研究

		Пещера 洞穴	Комплекс ближнего перехвата (2-3 СБЦ) 近距离拦截综合系统（对付 2—3 个复杂弹道目标）	ТО-88, ТО90
	п	Тезка 同名人	Изыскание путей создания комплексов лазерного оружия 研究激光武器综合系统的制造途径	ТО-89
	п	Клен-20 槭树-20	Изыскание путей создания ускорительного оружия 研究加速武器的制造途径	ТО-86, ЭП90

续表

п	Багор-Н1 钩竿-Н1	Изыскание путей создания СВЧ оружия 研究超高频武器的制造途径	ТО-86，ТО89
	Разгон 驱散	Комплекс поражения целей на ос [нове] ЭДУ 以无线电罗盘电动远距控制为基础的目标毁伤综合系统	ТО-87，ТО90
	Луч 射线	Лазерные дальномеры и локаторы для оптикоэлектронных средств информационного обеспечения многоэшелонной системы ПРО 用于多梯次反导防御系统光电信息保障设备的激光测距仪与测位器	ТО-8 [6?]，ЭП-88

Создание компонентов，развитие элементной базы и технологии для

МЭСПРО

制造多梯次反导防御系统组件，发展多梯次反导防御系统的元件基础与技术

*	Модуль-1 模块-1	Вычислительные системы наземных средств ПРО 陆基反导防御设备的计算系统	ТО-86，ЭП-87，исп-90
*	Модуль-2 模块-2	Бортовые вычислительные машины 弹载计算系统	ТП-87，ЭП-88，исп-89
*	Свет 光	Оптико-электронные средства информационного обеспечения многоэшелонной системы ПРО 多梯次反导防御系统的信息保障光电设备	ЭП-87，исп88
*	Спираль 螺旋	Перспективные изделия электронной техники для стрельбово-информационного комплекса ПРО 用于反导防御射击-信息综合系统的未来电子技术产品	Изг-88，исп90
	в	Воздействие Ⅲ 反应 Ⅲ	Перспективный ядерный заряд для противоракет 反导导弹的未来核弹药	ТО-88，исп90
	в	Деталь Ⅲ 细节 Ⅲ	Осколочная БЧ и средства подрыва для противоракет и субснарядов 用于反导导弹及子弹的破片杀伤战斗部和起爆设备 [此处子弹头指子母弹药中的子弹]	ТО-87，исп [?] -90

в	Состав-С 成分-С	Быстрогорящие ТТ к ДУ противоракет и субснарядов 用于反导导弹及子弹的速燃固体燃料［此处子弹头指子母弹药中的子弹］	ТО-88，исп90

Вычислительные системы — надо ＞млрд опер/сек，есть 125 млн опер/сек

Малогабаритные выч системы — надо ＞10 млн опер/сек，есть 1 млн опер/сек

Бортовые выч системы — надо ＞мм［млн?］опер/сек，есть 0.5 млн опер/сек

计算系统——需要＞10亿条指令/秒，现有 1.25亿条指令/秒

小型计算系统——需要＞1 000万条指令/秒，现有 100万条指令/秒

机载计算系统——需要＞mm［百万?］[1] 条指令/秒，现有 50万条指令/秒

"概念-P"计划（Концепция-P）

16个试验设计工作［原型机设计工作］＋8个科研工作＋2个基础研究

支出——第12个五年计划2亿，第13个五年计划3亿

Системные исследования и проектные проработки
系统性研究及方案编制

---

[1] 存疑的翻译后均加问号。特殊注明的除外。——译者注

	Сценарий 方案	Оперативно-стратегическое обоснование систем ПКО 外层空间防御系统的战役-战略论述	ТО-89
	Ответ-Р 回答-Р	Концепция развития систем БУ 作战指挥系统的发展原理	ТО-87，ТО89
	Комплекс 综合系统	Концепция комплексного развития информационного обеспечения систем ПКО 外层空间防御系统信息保障的综合发展原理	ТО-87，90
	Финал 决赛	Развитие и совершенствование системы контроля космического пространства 宇宙空间监测系统的发展与改进	ЭП-90
п	Маятник 摆锤	Развитие и совершенствование системы предупреждения о ракетном нападении 导弹来袭预警系统的发展与改进	ЭП-89

Совершенствование систем информационного обеспечения и БУ

改进信息保障系统及作战指挥

п	Безопасность （УС-КМО） 安全（海域-大洋统一监测系统）	Система обнаружения стартов БР с суши и моря 探测陆基、海基弹道导弹发射的系统	Исп-90
п	Сатурн 土星	Завершение создания специализированных средств контроля космического пространства 完成宇宙空间监测专用设备的制造	Исп-88
п	Коралл 珊瑚	Специализированные корабельные средства разведки 船用专门侦察设备	ЭП-88
п	Диспетчер-2 调度员-2	Развитие центра контроля космического пространства в КП ПКО 在外层空间防御指挥所范围内，发展宇宙空间监测中心	Исп-87
	Диспетчер-3 调度员-3	Разработка защищенного КП БУ ПКО 研制外层空间防御作战用的防护性指挥所	ТП-89
	Сеть-3 网-3	Система передачи данных и связи со средствами ПКО 与外层空间防御设备进行数据传输和通信交互的系统	ТО-89

Разработка и создание наземных и воздушных средств поражения КА

陆基及空基航天器毁伤设备的研制

п	Контакт 接触	(Бункин, Н до 600 км → 1500, 50 град → 24 град) Доорбитальная авиационно-ракетная система ПКО (一捆，离地高度达到 600 千米→1 500 千米，50 度→24 度）前轨道航空-导弹外层空间防御系统	ЭП-87, исп89
п	Наряд-В 勤务-В	(Н-2200→36тыс, 0-90 град) Модернизация комплекса ПКО «ИС-М» (离地高度 2 200 千米→36 000 千米，0—90 度）改进外层空间防御用途的"卫星拦截器-M"综合系统	Исп-88
	Скорость 速度	(1500, 40-90 град) Система массового поражения КА на базе средств ПРО Москвы (1 500，40—90 度）以莫斯科反导防御设施为基础的航天器大规模毁伤系统	ЭП-89
п	Молния 闪电	(?) [знак вопроса — в оригинале] Натурный эксперимент по поражению низкоорбитального ИСЗ прямым попаданием (?) [原件上就有此问号] 低轨道地球人造卫星毁伤实物试验，采用直接命中方式	Исп-88
	Осьминог 章鱼	Помеховое подавление космических средств передачи информации 太空信息传输设备的干扰压制	ТО-89

СП-2000 对抗计划 （Противодействие СП-2000）

12 个试验设计工作［原型机设计工作］＋44 个科研工作

支出——第 12 个五年计划（缺）第 13 个五年计划（缺）

Системные исследования по способам и средствам

方式方法的系统性研究

		Стабильность 稳定性	Разработка рекомендаций по способам и средствам противодействия перспективной эшелонированной системе ПРО США 针对美国未来梯次反导防御系统，探讨对抗方式方法建议	ТО-87, 88，89

续表

	Взаимодей-ствие 相互关系	Анализ сбалансированного развития работ по программам «Противодействие», «Обь» и «Д-20» в условиях СОИ 针对美国战略防御计划，分析如何均衡地开展"对抗"计划，"鄂毕河"计划和"Д-20"计划工作	ТО-90
	Натиск 冲击	Предложения по проведению демонстрации средств и способов преодоления эшелонированной системы ПРО США 针对美国梯次反导防御系统，提出突破方式方法的演示实施建议	ТО-88, 89，90
	Факел МО 火炬 МО [此处的МО应指国防部]	Совершенствование методов и средств математического моделирования стратегических ядерных сил с учетом эшелонированной системы ПРО США 针对美国梯次反导防御系统，改进战略核力量数学模拟设备	ТО-90

Работы по развитию вооружения ВТ РВ СН
战略火箭部队军事技术武器的发展工作

	Форсаж 加力	Исследования по созданию ракет с сокращенными активными участками полета 研究制造缩短主动飞行段的火箭	ТО-88, 90
	Крен 倾斜	Исследования по созданию ракет с вращением вокруг продольной оси 研究制造围绕纵轴旋转的火箭	ТО-88, 90
	Нагружение 负荷	Уточнение моделей ЯВ 核爆炸模型的更精确化	ТО-88, 91
	Преграда 障碍	Исследование воздействия ЯВ и оружия ПРО на РК 研究核爆炸及反导防御武器对导弹系统的影响	ТО-88, 91
	Критерий 标准	Определение критериев поражения элементов РК 定义导弹系统部件毁伤标准	ТО-88, 91
	Экран 屏幕	Разработка конструктивных способов защиты ракет и ББ от ЯВ и оружия ПРО 针对核爆炸和反导防御武器，研究导弹及其战斗部的结构性防护方式	ТО-88, 91
	Тягач 牵引机	Повышение стойкости двигателей 提高发动机强度	ТО-88, 90

	Оснащение 装备	Исследования по созданию новых ББ 研究制造新型战斗部	ТП-89, ТО-88
	Комплект МО 套件 МО	Исследования по созданию комплексных средств преодоления ПРО 研究制造突破反导防御的综合设备	?
	Клин 楔子	Определение сигнальных характеристик ракет 测定火箭信号特征	ТО-89
	Нивидимка [sic] 透明人	Снижение заметности ракет 降低火箭的暴露性	ТО-88

	Маска 面罩	Разработка маскирующих образований для прикрытия ракет 研究保护火箭的伪装构成物	ТО-88, 89, 90
	Лора 情妇	Проработка облика ложных ракет 详细研究假导弹的外形	ТО-89
	Лана 拉娜	Исследование мер противодействия техническим средствам разведки 研究对抗侦察技术设备的手段	ТО-87, 88, 90
	Планер 滑翔机	Обоснование характеристик ракет с планирующими ББ 对装有滑翔战斗部的导弹性能进行论述	ТО-88, 90
	Прорыв 穿破	Ослепление информационных средств ПРО 迷惑反导防御信息设备	ТО-88, ТП-90
	Генератор 发电机	Разработка путей радиоэлектронного противодействия ПРО США 研究对美国反导防御进行无线电电子对抗的途径	ТО-89
	Фортификация 防御工事	Создание ПУ СВЗ [сверхвысокой защищенности] (до 5000 кг/см²) 制造超高防护性发射装置 [达到 5 000 千克（力）/ 平方厘米]	ТО-87, ТП88, 89
	Имитация 仿制品	Исследования по созданию установок, моделирующих воздействие ЯВ на РК 研究制造模拟装置，模拟核爆炸对导弹系统的影响	ТП-90
	Отработка 提高	Обоснование характеристик экспериментальной базы для отработки стойкости 论述试验基地的性能，用于提高强度 [导弹的硬件/作战强度]	ТО-88

续表

п	ОКР Ермак 叶尔马克试验设计工作	Модернизированный РК РТ-23УТТХ со стационарным и ж/д стартом 新式 РТ-23УТТХ 导弹系统及其在固定平台、铁路机动平台上的试射		ТП-89
	Молодец-У 勇士-У	Исследования по повышению эффективности преодоления РК Р-23УТТХ перспективной эшелонированной системы ПРО США 研究工作，旨在提高 РТ-23УТТХ 导弹系统对于美国未来梯次反导防御系统的突破效能		ЭП-89
	Икар 伊卡洛斯	НИР по РК Р-36М2 Р-36М2 导弹的科学研究工作		?
	Воевода-У 沃也沃达-У	Исследования по повышению эффективности преодоления Р-36М2 перспективной эшелонированной системы ПРО США 研究工作，旨在提高 Р-36М2 导弹系统对于美国未来梯次反导防御系统的突破效能		ЭП-90
	Днепр 第聂伯河	НИР. Модернизация УР-100К 改进 УР-100К 导弹的科学研究工作		ТП-88
п	ОКР Альбатрос 信天翁试验设计工作	РК с крылатым ББ 带有巡航战斗部的导弹系统		ТП-88
	ОКР Тополь-М 白杨-М 试验设计工作	Модернизация РК Тополь 改进"白杨"导弹系统		ТП-89
	ОКР Тополь У 白杨-У 试验设计工作	Проработки в обеспечение эффективности преодоления РК Тополь перспективной эшелонированной системы ПРО США 研究工作，旨在保证"白杨"导弹系统对于美国未来梯次反导防御系统的突破效能		ТП-89
	Курьер-У 信使-У	Подвижный РК с малогабаритной ракетой 配备小尺寸导弹的机动导弹系统		ТП-89
п	ОКР Пионер-4 先锋-4 试验设计工作	Модернизация Пионер-3 改进"先锋-3"导弹		ТП-89

		Пионер-3У 先锋-3У	Проведение исследований и проектной проработки в обеспечение преодоления Пионер-3 перспективной эшелонированной системы ПРО США 进行调查及设计研究，旨在保证"先锋-3"导弹系统对于美国未来梯次反导防御系统的突破性	ТП-89
		Облик-РВ 外形-РВ	Обобщение результатов НИР и определение облика перспективных РК 总结科学研究工作的成果并确定未来导弹系统的外形	ТП-92
		ОКР Эксперимент-1 试验-1试验设计工作	Демонстрационные испытания: - ракет с укороченным активным участком, настильной траекторией и малым подлетным временем - ЛИ с планирующим крылатым ББ - ЛИ с маневрирующим ББ - ЛИ станций активных помех, в т. ч. типа Бамбук-К, Пчела-3, Бамбук-М - ЛИ легких и тяжелых ЛЦ, чехлов ББ и устройств разброса дипольных отражателей — исп возможностей БР по преодолению перспективной эшелонированной системы ПРО США — исп средств радиоэлектронного противодействия системе ПРО 示范试验: - 具有缩短主动段、低伸弹道、短接近时间的导弹 [这里应是指展示试验] - 滑翔巡航战斗部的飞行试验 - 可机动战斗部的飞行试验 - 主动干扰台的飞行试验，其中包括"竹-К"型、"密封-3"型和"竹-М"型 - 重型及轻型假目标、战斗部罩、偶极子反射器散布装置的飞行试验-测试弹道导弹突破美国未来梯次反导防御系统的潜力-测试对抗外层空间防御系统的无线电电子对抗设备	

Работы по развитию вооружения и ВТ стратегического назначения ВМФ

海军战略用途军事技术及武器的发展工作

		Плот 木筏	Повышение выживаемости группировки подводных крейсеров в условиях совершенствования ПЛО США 在美国提升反潜防御的条件下，提高水下巡洋舰集群的生存性	ТО-88

		Облик-1 ВМФ 外形-1 海军	Обобщение результатов НИР и определения облика перспективных РК ВМФ 总结科研工作的成果并确定未来海军导弹系统的外形	ТП-90
		Облик-2 ВМФ 外形-2 海军	Определение облика перспективных РК ВМФ с КР 确定未来海军巡航导弹系统的外形	ТП-91
		Астероид 小行星	Пути создания РК со сверхзвуковыми КР 制造超音速巡航导弹系统的途径	ТП-88
	п	ОКР Д-19УТТХ Д-19УТТХ 试验设计工作	Модернизация РК Д-19 改进 Д-19 导弹系统	ЛИ-89
		ОКР Вест 西方试验设计工作	РК с малогабаритной РК с моноблоком 带单弹头的小尺寸导弹系统	ТП-87
		ОКР Ост 东方试验设计工作	РК нового поколения с РК с РГЧ 带有分导弹头导弹的新一代导弹系统	ТП-88
		ОКР Д-9РМУ2 Д-9РМУ2 试验设计工作	Модернизация РК Д-9РМУ на новом жидком топливе 在新型液体燃料基础上对 Д-9РМУ2 导弹系统进行改进	ТП-88, 89
		ОКР Эксперимент-2 试验-2 试验设计工作	Испытания в высоких широтах со взламыванием льда 带有破冰项目的高纬度试验	- ?

Развитие вооружения и ВТ стратегического назначения ВВС

空军战略用途军事技术及武器的发展

		Броня 装甲	Повышение живучести и стойкости РК с КР 提高巡航导弹系统的寿命和强度	ТО-89
		След 痕迹	Снижение заметности авиационных РК с КР 降低空射巡航导弹系统的暴露性	ТО-91

		Перевес优势	Исследования по развитию ВК и трансатмосферных стов [计算综合系统??] и跨大气层 [??] 的发展研究	ТО-92
		Облик ВВС外形 空军	Определение облика перспективных стратегических РК авиационного базирования确定未来空基战略导弹系统的外形	ТО-90
		Эхо-90回声-90	Проработка авиационной маловысотной КР большой дальности详细研究空射型远程低空巡航导弹	ТО-88
		ОКРПодзол-1灰壤 - 1 试验设计工作	РК на базе вертолета Ми-26 с оперативностратегическими КР以米-26 直升机为平台的战役战略巡航导弹系统	ТП-87
		Подзол-С灰壤-С	РК на базе вертолета Ми-26 с межконтинентальными КР以米-26 直升机为平台的洲际巡航导弹系统	ТО-89

Работы по определению путей развития автоматизированной СУ ВС СССР и ее составных частей, а также автоматизированной системы связи ВС СССР

苏联武装力量自动化指挥系统及其组成部分以及苏联武装力量自动化通信系统的发展路线确定工作

		Ответ回答	Разработка концепции управления СЯС и ВС СССР в целом в рамках АСУ ВС Центр在"中心"武装力量自动化指挥系统框架下，编制核战略部队和苏联武装力量的整体指挥方案	ТО-87
		Синтез-1合成-1	Развитие системного проекта по совершенствованию АСУ ВС Центр в условиях реализации СОИ и с учетом программ «Центр-90», «Обь», «Кларнет», Д-20, Противодействие, а также комплекса средств противодействия развертыванию ударного космического оружия противника在美国战略防御计划成为现实的条件下，将"中心-90"计划、"鄂毕河"计划、"单簧管"计划、Д-20 计划、对抗计划以及阻碍敌方展开攻击性太空武器的综合设备一并予以考虑，以完善"中心"武装力量自动化指挥系统为目的，发展系统性方案	Дополнение к системному проекту АСУ ВС Центр-89 作为"中心-89"自动化指挥系统方案的补充

续表

	Редут 棱堡	Совершенствование объединенной автоматизированной системы связи ВС СССР и видов ВС 完善苏联武装力量及武装力量各军种的统一自动化通信系统	ТП-89

Фундаментальные, проектно-поисковые и экспериментальные исследования общего назначения

基础性、方案-探索性、试验性的一般用途研究

	Аппаратура 装置	Проектные исследования по СУ, стойким к воздействию ЯВ и оружия на новых физических принципах 设计研究核爆炸及新物理原理武器作用条件下的稳定指挥系统	ТО-88, 90
	Материал 材料	Разработка новых материалов для перспективных ракет 研制未来导弹的新型材料	ТО-88, 90
	Этюд 草稿	Исследование принципов построения трактов БУ с использованием пучков нейтральных частиц и электронов 研究中性粒子束及电子束作战指挥通道的搭建原理	ТО-88, 92
	КИМ 仿造模拟系统	Разработка комплекса имитационного моделирования для системного проектирования средств противодействия 研制仿造模拟系统，用于系统性设计对抗设备	Стенд-89

СК-1000 计划

110 个试验设计工作［原型机设计工作］＋26 个科研工作＋105 个物理试验方向

支出——第 12 个五年计划 223 亿，第 13 个五年计划 229 亿

Перехват и поражение БР противника на активном участке траектории полета, а также ГЧ и ББ на заатмосферном участке

拦截和毁伤敌方处在轨道飞行主动段的弹道导弹，以及处在大气层外航段的弹头与战斗部

		Моноплан-4 单翼机-4	Системные исследования и техническая проработка космической системы ПРО 太空反导防御系统的系统性研究与技术分析	ТП-86，ТО87，88，89
		Крон-1 铬黄-1	Комплекс с лазерным оружием с ядерной накачкой 核泵浦激光武器系统	ТП-87
		Корень 根源	Комплекс с лазерным оружием 激光武器系统	ТО-89
		Лидер-Б 领袖-Б	Комплекс с пучковым оружием 粒子束武器系统	ТО-89
		Завеса-К 帷幕-К	Исследование способов и средств массового поражения 研究大规模毁伤的方式方法	ТП-86，ТО-87，макетные исп 88，89，итогов ТО-90
		Кирасир 胸甲奇兵	Комплекс с ЭДУМ 电动质量加速器系统	ТП-86，ТО-87，88，90
		Эшелон 梯队	Комплекс с ракетным оружием 火箭武器系统	ТП-86
		Таруса-1 塔鲁萨-1	Экспериментальные демонстрационные испытания в обеспечение создания комплекса « Эшелон » на комплексе «Каскад» и создания комплекса «Корень» на комплексе «Скиф» 试验性展示试验，旨在保障以"瀑布"系统为基础制造"梯队"系统和以"赛艇"系统为基础制造"根源"系统	

Поражение боевых и информационных космических аппаратов, в первую очередь входящих в состав космического эшелона ПРО США

战斗航天器与通信航天器的毁伤，其中首当其冲的是美国反导防御梯队中的这类航天器

		Моноплан-3 单翼机-3	Системные исследования УКС〔ударных космических систем?〕для поражения боевых и информационных КА 系统性研究用于毁伤战斗航天器和通信航天器的УКС〔空间打击系统?〕	ТО-86，89

п	ОКР Наряд-В 勤务-В试验 设计工作	Комплекс наземного базирования с РК 陆基导弹系统	ЛИ-87
	ОКР Каскад 瀑布试验设 计工作	Комплекс орбитального базирования с РО〔ракетным оружием〕 天基导弹武器系统〔天基自导火箭反导系统〕	ЭП-86, ЛИ89
	ОКР Камин 壁炉试验设 计工作	Комплекс орбитального блокирования 轨道封锁系统〔轨道地雷武器〕	ТП-87, ЭП89
	Скиф-ДМ 赛艇-ДМ	Экспериментально-демонстрационный комплекс （макетный） 试验-展示系统（样机）	ЛИ-87
	Скиф Д 赛艇 Д	Экспериментально-демонстрационный комплекс 试验-展示系统	ЛИ-88
в	ОКР Скиф 赛艇试验设 计工作	Комплекс орбитального базирования с лазерным оружием （хим） 天基（化学）激光武器系统	ЭП-88
	Крон-2Э 铬黄-2Э	Экспериментально-демонстрационный комплекс с ОНФП- I〔оружие на новых физических принципах〕（эксимерн） ОНФП-I〔新物理原理武器-I〕试验-展示系统 （准分子）	ЭП-88, ЛИ90
	Крон-2 铬黄-2	Комплекс орбитального базирования с ОНФП-I （эксимерный） 天基新物理原理武器-I系统（准分子类型）	ЭП-90
	Лидер-А-Э 领袖-А-Э	Экспериментально-демонстрационный комплекс с ОНФП-II 新物理原理武器-II试验-展示系统	ЭП-87
	Лидер-А 领袖-А	Комплекс орбитального базирования с ОНФП-II 天基新物理原理武器-II系统	ЭП-89

Нанесение ударов из космоса по особо важным военно-стратегическим объектам противника на суше, воздухе, на акватории морей и океанов в ядерной и безъядерной войнах

在核战争及常规战争条件下，对敌方位于陆地、空中、海域及大洋水域的极重要军事-战略目标实施来自太空的打击

		Моноплан-6 单翼机-6	Система исследования УКС для поражения из космоса особо важных ... 空间打击系统的研究体系，用于从太空毁伤极重要……	ТО-86，89
	в	ОКР Болид 流星［或曰陨石］试验设计工作	УКС с обычным оружием для поражения наземных стационарных и надводных целей 采用常规武器的空间打击系统，用于毁伤地面固定目标和水面目标	ТП-87，ЭП89
	в	Лавина-2 雪崩-2	Исследование возможности создания БКС［боевых космических средств?］как составляющей СЯС БКС［空间战斗设备?］制造的可行性研究，并且旨在将БКС作为核战略部队的组成部分	ТО-88
	в	Лава-Бор 熔岩-无人轨道火箭飞机	Отработка экспериментальных ББ типа космос-земля в интересах создания космических средств для поражения наземных и морских стратегических объектов 改进试验型空间-地面战斗部以制造太空设备用于毁伤地面及海上战略目标	ЛИ-89
		ОРЭСТ-02	Разработка технических предложений по космическим комплексам радиоэлектронного подавления 编制太空无线电电子压制系统的技术建议	ТП-89
		ОКР Аккорд 和弦试验设计工作	Многоцелевая геофизическая лаборатория для отработки систем и средств активного воздействия и контроля воздействия 多用途地球物理实验室，用于改进主动作用设备系统及作用检验设备系统	ЭП-87

Информационное обеспечение из космоса действии УКА и видов ВС

武装力量各军种及空间打击系统作战的太空信息保障

		Моноплан-7 单翼机-7	Системные исследования космических средств информационного обеспечения 系统性研究太空信息保障设备	ТО-86，89
		ОКР Лазурит-К 天青石-К 试验设计工作	Система обнаружения БР, ГЧ, ББ и целеуказания 针对弹道导弹、弹头、战斗部的探测及目标指示系统	ЭП-88
	п	ОКР Кругозор 视野试验设计工作	Система разведки космической обстановки и целеуказания 空间环境侦察及目标指示系统	ЭП-87

п	ОКР Орлец-1 蔷薇辉石－1 试验设计工作	*Комплекс широкополосной детальной и обзорной фоторазведки* 宽频带详细观测照相侦察综合系统	ЛИ-86
п	ОКР Орлец-2 蔷薇辉石－2 试验设计工作	*Комплекс широкополосной детальной и обзорной фоторазведки* 宽频带详细观测照相侦察综合系统	ЛИ-89
п	ОКР Циркон-2 锆石－2 试验设计工作	*Комплекс высокодетальной фоторазведки* 高详细度照相侦察综合系统	ЛИ-88
п	ОКР Янтарь4 КС-М1 琥珀 4КС－М1 试验设计工作	*Комплекс детальной оптико-электронной разведки* 光学-电子详细侦察综合系统	ЛИ 86
п	ОКР Сапфир-В 蓝宝石－В 试验设计工作	*Система оперативного наблюдения* 战役监视系统	ЛИ-88
п	ОКР Аракс-Н 阿拉斯河－Н 试验设计工作	*Низкоорбитальная подсистема многоцелевой системы наблюдения* 多用途监视系统的低轨道子系统	ЛИ-87
п	ОКР Аракс-В 阿拉斯河－В 试验设计工作	*Высокоорбитальная подсистема многоцелевой системы наблюдения* 多用途监视系统的高轨道子系统	ЭП-86
п	ОКР Аракс-Р 阿拉斯河－Р 试验设计工作	*Система всепогодной радиолокационной разведки и определения координат целей* 全天候雷达侦察及目标坐标测定系统	ЭП-86, ЛИ88
п	ОКР Аракс-РМ 阿拉斯河－РМ 试验设计工作	*Система разведки морских целей и целеуказания* 海上目标侦察及目标指示系统	ТП-86
п	ОКР Аракс-М 阿拉斯河－М 试验设计工作	*Многоцелевая система наблюдения* 多用途监视系统	ТП-90
п	ОКР Сапфир-Ц 蓝宝石－Ц 试验设计工作	*Система стратегической и оперативной всепогодной широкополосной разведки* 全天候宽频带战略及战役侦察系统	ТП-87, ЭП88
п	ОКР Кристалл-К 晶体－К 试验设计工作	*Комплексная система всепогодной оперативной разведки, картографии и целеуказания* 全天候侦察、绘图及目标指示综合系统	ТП-87, ЭП90

п	ОКР МОП-Р МОР-Р 试验设计工作	Система постоянного слежения за оперативной обстановкой и целеуказания на базе многоцелевой платформы 多用途平台基础上的战役环境常态化监视及目标指示系统	ТП-90
п	ОКР Целина-2 处女地-2 试验设计工作	Система радиотехнической разведки 无线电侦察系统	ЛИ-86
п	ОКР Целина-3 处女地-3 试验设计工作	Система радиотехнической разведки 无线电侦察系统	ЭП-87, ЛИ90
п	ОКР УС-АМ УС-АМ 试验设计工作	Комплекс радиолокационной разведки кораблей и целеуказания 雷达侦察系统，用于侦测舰艇及目标指示	ЛИ-86
п	ОКР УС-ПМ УС-ПМ 试验设计工作	Комплекс радиотехнической разведки морских целей и целеуказания с УТТХ 改进战术技术性能的海上目标侦测及目标指示无线电侦察系统	ЛИ-87
п	ОКР Пирс-1 栈桥-1 试验设计工作	Комплекс радиолокационного обнаружения погруженных ПЛ и целеуказания 雷达探测综合系统，用于探测潜航潜艇及目标指示	ЭП-87
	ОКР Барит 重晶石试验设计工作	Комплекс разведки военного времени 战时侦察综合系统	ТП-88, ЭП90
в	Турмалин 电气石	Система контроля воздушного пространства и целеуказания 空域监视及目标指示系统	ЭП-88
п	ОКР Основа 基架试验设计工作	Автоматизированный наземный спец комплекс для организации и ведения космической разведки в любых условиях ВПО［военно-политической обстановки］ 自动化地面专用综合系统，用于在任何［军事-政治环境］条件下组织和实施太空侦察	Исп-87, центр-90
п	ОКР Мост 桥试验设计工作	Автоматизированная система доведения документ данных космической разведки до органов управления ВС 自动化文件数据传达系统，用于将太空侦察数据传达到武装力量指挥机关	Изгот-86

п	ОКР Глобус-1 地球仪－1 试验设计工作	Комплекс стратегической и оперативно-тактической связи 战略及战役战术通信综合系统	ЛИ-86
п	ОКР Меридиан 子午线试验设计工作	Комплекс стратегической и оперативно-тактической связи 战略及战役战术通信综合系统	ЛИ-87
п	ОКР Глобус 地球仪试验设计工作	Комплекс стратегической и оперативнотехнической ［?］ связи 战略及战役技术［?］通信综合系统	ЭП-87, ЛИ88
п	ОКР Бронь-К 铠甲－K 试验设计工作	Комплекс БУ СЯС 核战略部队作战指挥综合系统	ЭП-86, ЛИ89
п	ОКР МеридианК 子午线 K 试验设计工作	Комплекс связи и БУ РВСН 战略火箭部队作战指挥及通信综合系统	ЛИ-90
п	ОКР Эстафета 接力棒试验设计工作	Комплекс ретрансляции информации БУ на погруженные ПЛ 向潜航潜艇进行作战指挥信息中继传输的综合系统	ЭП-86, ЛИ90
п	ОКР Гейзер 间歇喷泉试验设计工作	Комплекс ретрансляции развединформации с КА наблюдения 中继系统，用于中继传输来自宇宙监视航天器的侦察信息	ЛИ-86
п	ОКР Стрела-3 箭-3 试验设计工作	Комплекс специальной и служебной связи 特别通信及勤务通信综合系统	ЛИ-86
п	ОКР Альтаир 天鹰座 α 试验设计工作	Ретрансляция информации с ДОС［долгосрочной орбитальной станции］и МКС［многоразовой космической системы］КА типа Сапфир 中继传输来自 ДОС［长期轨道航天站］、МКС［多次使用航天系统］及"蓝宝石"航天器的信息［ДОС 就是轨道站的正式叫法，МКС 就是航天飞机的正式叫法］	ЛИ-86
п	ОКР Гелиос 赫利俄斯试验设计工作	Ретрансляция информации с КА типа Сапфир 中继传输来自"蓝宝石"航天器的信息	ЛИ-88

	п	ОКР Стрела-5 箭-5 试验设计工作	Служебная и специальная связь 勤务通信及特别通信	ТП-88
	в	ОКР Сбор 采集试验设计工作	Специальная и служебная связь 特别通信及勤务通信	ТП-86
		ОКР Струна-К 弦-К 试验设计工作	Комплекс обмена информацией БУ 作战指挥信息欺骗系统	ТП-86
	п	ОКР Ураган 飓风试验设计工作	Единая навигационная система 统一导航系统	ЛИ-86
		ОКР Ураган-К 飓风-К 试验设计工作	Многоцелевая система для навигации и геодезического обеспечения 多用途的导航及大地测量保障系统	ТП-88
		ОКР Муссон-2 季风-2 试验设计工作	Геодезическая система 大地测量保障系统	ЭП-86
		ОКР Барс 雪豹试验设计工作	Комплекс картографирования 绘图综合系统	ЭП-86

Обеспечение боевой устойчивости отечественных космических группировок

本国太空集群的作战稳定性保障

	в	Моноплан-8 单翼机-8	Системное исследование рациональных путей методов и средств обеспечения боевой устойчивости, включая разработку моделей противодействия противника отечественным орбитальным и наземным объектам 系统性研究保障战斗稳定性的合理途径、方式及方法，包括为本国的轨道对象及地面对象研究对抗敌方的模型	ТО-86, 89
		Моноплан-9 单翼机-9	Определение схем уязвимости механизмов и критериев поражения целей различными видами оружия 定义机械装置弱点图和不同种类武器毁伤目标的标准	ТО-86, 89

в	ОКР 试验设计工作	Создание бортовых комплексов средств активной защиты особо важных объектов (Буран, Каскад, Болид, КА ПРО, МОП-Р, Кристалл-К) 为特别重要对象（"暴风雪"航天飞机、"瀑布"反导系统、"流星"打击系统、反导防御航天器、МОП-Р 监视-目标指示系统、"晶体-К"侦察-绘图-目标指示系统）制造主动防御式机载系统	
в	ОКР 试验设计工作	Создание бортовых комплексных средств пассивной защиты боевых и информационных КА 为战斗航天器及信息航天器制造被动防御式机载系统	ТП-87, ЭП-89, ЛИ-90
	ОКР 试验设计工作	Разработка средств активного противодействия системам обнаружения, сопровождения и наведения оружия ПКС [поражающих космических средств?] противника 研制主动对抗式设备，以对抗敌方的探测、跟踪及 ПКС 武器［杀伤性航天设备的武器?］引导系统	ТП-90
в	ОКР 试验设计工作	Разработка средств снижения видимости, маскировки, искажения сигнальных характеристик КА 为航天器研制降低可见度、改变伪装及信号特征的设备	ТО-87, ТП-88, ЭП-90
	ОКР 试验设计工作	Обеспечение живучести КА при воздействии оружия на известных и НФП [новых физических принципах] 保证航天器在已知类型武器及 НФП 武器［新物理原理武器］作用下的存活性	ТО-86, 88, ЭП-90
	ОКР 试验设计工作	Создание унифицированной системы документирования и оповещения о фактах воздействия 研制通用文件编制及实际作用情况通知系统	ТП-86, ЭП-87, ЛИ-88

СУ космическими войсками

航天部队的指挥系统

	Моноплан-10 单翼机-10	Системное исследование принципов построения СУ космическими войсками 系统性分析航天部队指挥系统的建设原则	ТО-86, 89
в	ОКР Левада 岸边林地试验设计工作	Создание СУ КА, включая АСБУ 建立航天器指挥系统，包括自动化作战指挥系统	ТП-86, ЭП-87, исп-88

		ОКР 试验设计工作	Создание стационарного незащищенного КП, сопряженного с АСУ Центр 建立与自动化指挥系统中心相配合的非防护性固定指挥所	Изг 1-й этап-89
		ОКР Простор-Р 辽阔-Р 试验设计工作	Система КП КВ 航天部队指挥所系统	ЭП-87, изг гол-90
	п	ОКР Доломит 白云石试验设计工作	Защищенный центр управления КА военного назначения 带防护的军事用途航天器指挥中心	Доп ЭП-87
		ОКР Залп 齐射试验设计工作	Самолетный КИП на Ан-124 以安-124飞机为基础的空中联合信息站	ЭП макет 89
		ОКР 试验设计工作	Воздушный пункт управления 空中指挥所	ЭП-87
	п	ОКР 试验设计工作	Центры и пункты управления на объекте 413 [Голицино-2, Краснознаменск] 413工程［格里岑诺-2保密行政区，即红旗城］基础上的指挥中心及指挥所	Ввод 88
		ОКР 试验设计工作	Центры и пункты управления 153 ГНИИЦ МО［?］ 国防部第153科研试验总中心的指挥中心及指挥所［?］	Экспл 90
		ОКР Варан 巨蜥试验设计工作	Подвижные наземные пункты управления КА 机动型航天器地面指挥所	ЭП-87, экспл 90
	п	ОКР Фазан 野鸡试验设计工作	Подвижный наземный КИП 机动型地面联合信息站	Экспл 87
		ОКР Фазан-М 野鸡-М试验设计工作	Модернизированный подвижный наземный КИП 改进型的地面机动联合信息站	ТП-90
		ОКР Карат 克拉试验设计工作	КИС [командно-измерительная система?] нового поколения 新一代 КИС［指挥-测定系统?］	ТП-87
		ОКР 试验设计工作	Единая система информационно-телеметрического обеспечения (ИТО) 统一信息-遥测保障系统（ИТО）	ЭП-87, 89, экспл 90

	ОКР Вершина-2 顶峰－2 试验设计工作	Бортовые и наземные средства ИТО 机载及地面统一信息-遥测保障设备	ЭП-87, эксп 89
в	ОКР Рымник 吊环试验设计工作	Система ИТО управления КА 航天器指挥统一信息-遥测保障系统	Эксп 1-й очереди 89
	ОКР Лозняк 柳从试验设计工作	Унифицированный ряд средств сбора и обработки ТИ 遥测信息收集处理通用系列设备	ЭП-88
	ОКР Адонис 阿多尼斯试验设计工作	Плавучий КИП 水上联合信息站	ЭП-88
	ОКР 试验设计工作	Измер. п. для запусков РН в южном направлении 南方方向运载火箭发射用的测量仪器	Начало стрва 89
	ОКР 试验设计工作	Система траекторных измерений КА и мишени 航天器及靶标弹道测量系统	ТП-87
п	ОКР Цель 目标试验设计工作	Государственная система единого времени 国家统一时间系统	Госисп 1-го этапа 88
	ОКР Бруствер 胸墙试验设计工作	Автоматизированная система связи 自动化通信系统	[нрзб — гол. уч.?] 90
	ОКР Струна-С 弦－С 试验设计工作	Глобальная космическая система обмена информацией БУ 天基全球作战指挥信息交互系统	ТП-87
	ОКР Гонка 竞赛试验设计工作	Глобальная система сбора и ретрансляции развединформации 全球侦察信息收集中继系统	ТП-88
	ОКР Приморка 普利莫尔卡试验设计工作	Спутник системы связи между наземными элементами 地面单元交互通信系统卫星	2 оп ст [?] 88
	ОКР 试验设计工作	Автоматизированная система обмена информацией между 145 ЦККП войск ПВО и 153 ГНИИЦ МО 防空军第145宇宙空间监视中心与国防部第153科研试验总中心之间的自动化信息交互系统	

	ОКР［Люмен?］ ［流明?］试验 设计工作	*Средства и программно-математическое обеспечение (типовое) межмашинного обмена* 计算机交互设备与程序-数学（标准）保障	ЭП-88
	ОКР 试验设计工作	*Создание многопроцессорных вычислительных комплексов* 制造多处理器计算综合系统	Экспл 90
	ОКР 试验设计工作	*Разработка информационно-программного обеспечения диалоговой автоматизированной системы принятия решений* 研究自动化决策交互系统的信息-程序保障	Эксп 1-го этапа 87, эксп 88

Средства выведения и транспортно-технического обеспечения космических аппаратов многоцелевой боевой космической системы

多用途太空战斗系统航天器的输送——技术保障及入轨设备

	п	ОКР Буран 暴风雪试验设 计工作	［即"暴风雪"航天飞机］	ЛИ-86
	п	ОКР Буран-Т 暴风雪-Т试 验设计工作	*Космический РК сверхтяжелого класса* 超重型宇宙火箭［应是"暴风雪"航天飞机的重型版本及其运载火箭］	ЛИ-87
	в	ОКР Шторм 烈风试验设计 工作	*Унифицированный кислородно-водородный разгонный блок для 8К82К* 用于 8К82К"质子"运载火箭的通用型氢氧助推组件	ЭП-86
	в	ОКР 11К55 11К55 试验设 计工作	*Универсальный космический РК легкого класса* 轻型通用宇宙火箭	ЭП-87
	п	ОКР 11К77 11К77 试验设 计工作	*Универсальный РК среднего класса* 中型通用火箭	［нрзб］86, с РБ 88
		ОКР 试验设计工作	*Универсальные космические РК тяжелого класса 11К37 ［на базе Зенита］, РЛА-125* 11К37［以"天顶"火箭为基础］、РЛА-125 重型通用宇宙火箭	ЭП-86

п	ОКР Вулкан 火山试验设计 工作	Космический РК сверхтяжелого класса 超重型宇宙火箭	ЭП-86
п	ОКР 试验设计工作	Унифицированный ряд водородно-кислородных разгонных блоков Вихрь, Смерч, Везувий "旋风""龙卷风""维苏威"通用系列氢氧助推组件	ЭП-86
п	ОКР 试验设计工作	Многоразовая авиационно-космическая система на базе с-та Ан-225 以安-225 飞机为基础的多次航空-航天系统	ТП-86, ЭП-87
в	ОКР 试验设计工作	Многоразовый одноступенчатый ВКС 单级多次使用空天飞机	ТП-88
п	ОКР Мир 和平试验设计 工作	Постоянно действующая орбитальная станция 长期运作轨道站 [即"和平"号轨道站]	Экспл 86
в	ОКР Заря 曙光试验设计 工作	Многоразовый транспортный корабль 多次使用运输飞船	ЭП-86
п	ОКР 试验设计工作	Комплекс универсальных средств орбитального обслуживания и монтажа КГК [?] КГК [?] 轨道维护组装通用设备综合系统	ТП-86, ЛИ-87
п	ОКР 试验设计工作	Многоразовые межорбитальные буксиры с ДУ на базе ЖРД, ЯРД 11Б91 и ЯЭУ 11Б97 以液体火箭发动机、11Б91 核火箭发动机、11Б97 核动力装置为基础的多次使用跨轨道遥控牵引船	
п	ОКР [Озон?] [臭氧?] 试验 设计工作	Орбитальный сборочно-эксплуатационный центр 轨道组装运行中心 [即"和平-2"号轨道站大型方案]	ЭП-87

基础性研究及未来技术研究（Лава 计 划——105 项工作）

[Фундаментальные исследования и разработка перспективных технологий (программа Лава — 105 работ)]

Системы и средства автоматизированного управления и связи

В т. ч.:

自动化通信指挥设备及系统，其中包括：

			Высокопроизводительные вычислительные системы (11 работ) 高性能计算系统（11项工作）	ТО-89，90
			Бортовые вычислительные системы (5) 机载计算系统（5项工作）	ТО-90
			Информационные вычислительные сети (5) 信息计算网络（5项工作）	ТО-90
			Методы и средства передачи информации (8) 信息传递的方法方式（8项工作）	ТО-87, 89, 90
			Системы и средства координатно-временного обеспечения (2) 坐标时间保障设备及系统（2项工作）	ТО-87, эксп обр 88

Системы и средства поражения

杀伤性设备及系统

			Лазеры и лазерные системы (10) 激光及激光系统（10项工作）	ТО-88
			Направленные потоки энергии с использованием ядерных устройств (2) 利用核装置实现的定向束能（2项工作）	ТП-87, 90
			Ускорители нейтральных частиц (4) 中性粒子加速器（4项工作）	ТО-87, эксп обр 90
			Средства радиоэлектронного подавления (1) 无线电电子压制设备（1项工作）	ТП-89
			Системы и средства активного воздействия, контроля воздействия (2) 主动作用设备及系统、作用检验设备及系统（2项工作）	ТО-88, 89, 90
			Гиперскоростные ускорители (1) 超高速加速器（1项工作）	ТО-88
			Ракетное оружие (3) 导弹武器（3项工作）	ТО-88, 90

Крупногабаритная оптика（1 программа）

大尺寸光学器件（1 项计划）

Средства обнаружения，наблюдения и определения координат целей

探测、监视及目标坐标测定设备

		Оптико-электронные средства（5） 光学-电子设备（5 项工作）	ТО-88
		Радиолокационные и радиоэлектронные средства（3） 雷达及无线电电子设备（3 项工作）	Эксп обр 88
		Перспективные методы обнаружения и селекции целей（15） 探测目标及识别目标的未来方法（15 项工作）	ТО 87-90

Средства выведения и транспортно-технического обеспечения КА

航天器的输送-技术保障及入轨设备

		Средства выведения космических объектов и развертывания орбитальных группировок（8） 用于展开轨道集群和使航天对象入轨的设备（8 项工作）	ТО-87, 88, 90
		Средства транспортно-технического обеспечения（4） 输送-技术保障设备（4 项工作）	ТО-88

Системы и средства бортовой энергетики

机载动力设备及系统

		Системы электропитания КА（2） 航天器供电系统（2 项工作）	ТО-88, 90
		Ядерные энергетические и энергодвигательные установки（3） 核动力及核发动机装置（3 项工作）	ТО-88, 90
		Химические и солнечные энергетические уст.（4） 化学能及太阳能动力装置（4 项工作）	ТО-88, 90
		Преобразователи и накопители электрической энергии（6） 电能变换器及存储器（6 项工作）	ТО-88

第二章 莫斯科对美国战略防御计划的回应

第一节 莫斯科对战略防御计划的第一反应及谈判的重启

美国时任总统里根在 1983 年 3 月 23 日的演说中，提到了后来大家熟知的战略防御计划，苏联方面对此的第一反应是：坚决反对。莫斯科立即指责美国试图破坏现有的战略平衡。苏联方面认为，导弹防御计划旨在为美国提供第一次打击能力，并消除苏联战略力量的报复潜力。

这种对防御的潜在作用评估，符合当时在美苏国内关于进攻与防御间关系的主流理解。例如，在 1983 年发布的《国家情报评估报告》中，美国情报界是这样估计苏联导弹防御系统的潜在作用的："苏联人可能不会对［他们的导弹防御］系统在面对未受削弱的美国大规模导弹打击方面表现得非常自信［……］。但是，苏联人可能认为他们的弹道导弹防御系统在降低被削弱的美国报复性打击所带来影响上具有相当的价值［……］"

由于采取了与美国导弹防御计划完全相同的逻辑，苏联只能断定这项由里根提出的防御系统的目标是削弱苏联军队的威慑潜力。此外，苏联似乎认为 20 世纪 70 年代末至 80 年代初开始的美国战略力量现代化计划，使美军的遏制潜能大幅增加。对苏联来说，更为不利的是即将在欧洲部署的美国导弹。理论上，这将使美国能够在很短的时间内攻击苏联领土上的目标。从苏联的角度来看，所有这些行为合在一起，显然是美国旨在改变现有战略平衡的单方面努力。新的防御系统极依赖于天基部件，这一事实使莫斯科深信对美国太空计划军事潜力的担忧是完全合理的。

就实际步骤而言，苏联当时的回应中最明显的，是外交和宣传上的举措。苏联试图借助讨论天基系统的时机，将注意力集中到武器限制上面，特别是限制太空武器和反卫星武器上。这方面的一项重大提议是，苏联在1983年8月提出禁止太空武器新条约草案，同时宣布单方面暂停反卫星系统的试验。虽然禁止使用太空武器的草案势必会影响与美国战略防御计划相关的工程，但苏联的倡议似乎并不是针对美国计划的直接回应。相反，它是苏联在此前禁止空间武器方面所做工作基础上的延续，也是对国际科学界要求禁止发展反卫星系统做出的反应。但是，这些尝试被证明是不成功的，主要原因是1983年秋美苏关系急剧恶化，因为1983年11月美国开始在欧洲部署中程导弹之后，苏联从日内瓦军控谈判中直接退场。

当时的苏联文件有力支撑了这样的结论：苏联1983年的倡议并不是对"星球大战"计划的直接回应。苏联政治领导层、军事或国防工业都没有对"星球大战"计划或是其技术规模表示过任何赞赏，更不用说在审议外交举措或发展苏联战略力量时就考虑到这一点。这并不令人意外，因为美国战略防御计划直到1984年才正式开展，彼时其规模已更加清晰。

在1983年危机之后，美苏在1984年的大部分时间里试图打破因美国在欧洲部署导弹和苏联退出军备控制谈判而产生的僵局。1984年11月，双方终于达成了一个以新方式恢复谈判的协议，其中包括关于空间武器、战略进攻力量和中程核力量的谈判。

那段时间发生的事，对于理解美苏军控谈判中美国战略防御计划发挥的作用非常重要。有观点认为美国战略防御计划在恢复谈判的过程中有一定帮助，这主要是因为苏联坚持谈判必须涉及空间武器。然而，事实并不支持这种观点，相反更反映出美国战略防御计划发挥的作用非常有限，而且很可能给谈判的恢复增加了更多阻力。

虽然在开始讨论裁减进攻性武器问题之前，苏联坚持要进行禁止空间武器的谈判，但这一立场是由于不相信裁减进攻性武器最终能得到实施，和不相信导弹防御会有限制而形成的，而并非因为美国战略防御计划而产生的任何担忧。最终，美国政府不得不接受这一立场，并同意将空间武器纳入谈判。这使得莫斯科方面重新考虑其在两种武器系统关系间的立场。虽然莫斯科仍坚持认为，若不先限制防御系统，裁减进攻性武器就免谈。甚至有人认为，如果在减少进攻性武器上先于减少空间武器方面达成协定，那么它应在减少空间武器的谈判结束后再实施。

最后，没有证据表明苏联参与谈判的主要目标是禁止天基武器或限制美国战略防御计划。相反，苏联方面认为，空间武器和美国战略防御计划问题是必须在开展削减进攻武器讨论前就消除的阻碍。如果情况并非如此，且苏联认为对美国战略防御计划的限制更为重要的话，可以预料的是苏联将调整自己在战略力量问题上和美国在欧洲部署中程导弹问题上的立场。但是假设的情况并未成真，与1983年谈判时相比，苏联并没有做出任何重大立场调整。

此外，苏联对美国战略防御计划提案的回应中，不太明显的是那些加速自身防御计划发展的一系列决定。与政治和军事领导层不同的是，国防工业对美国的战略防御计划非常热心，抓住这个机会推动其项目发展。然而，这一领域的初步措施表明，苏联国防工业并未将美国的这项计划视为全新，或是将其与美国过去已实施的太空研发行为相区别。苏联当时考虑的方案要么是延续之前的办法，要么是撇开美国战略防御计划直接进行回应。关于上述说法的两个实例是"赛艇"天基激光系统计划和"接触"空基反卫星系统计划。

"赛艇"计划不属于新的发展计划，但该计划因美国战略防御计划获得了明显加速。1976 年发起的"赛艇"计划，目的是利用"暴风雪"航天飞机发射平台的能力，建立天基反卫星激光器。然而到了 1984 年，该计划仍然需要生产一些硬件，但由于缺乏适合部署在太空中的专用激光器而受阻。1984 年夏天，负责监督该计划的通用机械部部长命令研制一种演示型航天器，即"赛艇-Д"，该航天器应装载为"漂移"机载激光系统而开发的气动激光器。1984 年年底，政府批准了"赛艇"计划的新方向。激光器的研究得以继续，而最终部署在"赛艇"航天器上的激光器类型将在 1986 年予以确定。没有直接证据表明决定加快"赛艇"计划与美国的战略防御计划有联系。造成"赛艇"计划在 1984 年进行全面调整的原因，是能源运载火箭的相关工作即将开始。同时，有理由认为美国战略防御计划使苏联国防工业部更易游说其他部门为发展自己的类似系统创造条件。

与"赛艇"计划的情况不同，关于启动"接触"计划的决定，即开发空基反卫星系统的决定，几乎没有不确定性。这个计划明显是对当时发展中的美国类似系统的直接回应，并于 1984 年进行了两次测试。事实证明，在美国完成第二次测试后两周，苏联做出了发展自身导弹防御系统的决定。和美国一样，苏联的系统是从航天器上发射导弹来瞄准低地球轨道上的卫星。预计新的反卫星系统飞行测试将于 1989 年开始。这些计划没有实现，也没有证据表明系统已经达到飞行测试阶段。然而，它们至少在 1989 年至 1990 年期间一直处于积极的发展阶段，并且在 1985 年美国国会强行暂停美国进一步的反卫星试验时也没有停止。

"接触"计划表明，虽然美国战略防御计划似乎在支配议程，但这并不是当时影响苏联的决定的主要因素。国防工业部并没有试图将"接触"项目纳入对抗美国战略防御计划的框架，而是依靠当时已被证实的论点，即苏联必须研制一套自己的战略防御系统。甚至到后来，在苏联的一些反卫星项目被推广为"反制战略防御计划"项目时，"接触"系统仍被单独列为一个类别。

虽然苏联国防工业对美国战略防御计划的初步回应相当有限，但这并不意味着美国的举措不受苏联重视。在 20 世纪 80 年代初，苏联工业部门在定向能武器技术方面已具备一些经验，而类似技术本应是美国防御体系中的关键因素。这种经验显然是由过往经验综合而成的，这就提出了一个合乎情理的疑问，即美国能在多大程度上以这些技术为基础制造有效武器。在美国宣布开展战略防御计划后不久，苏联国防工业部便开始评估定向能武器技术的地位。军事工业委员会专门成立了一个以科学家、军事和国防工业代表组成的委员会，由叶甫盖尼·维利霍夫（Евгений Велихов）主持。该委员会的主要结论是，在 2000 年前不大可能部署基于定向能源技术的武器系统原型机。

军事工业委员会下由维利霍夫领导的机构，并不是苏联方面对美国战略防御计划进行评估的唯一部门，其中最有名的是维利霍夫与其他苏联科学家委员另行组织的平行研究小组。该小组与美国科学家密切合作，就美国战略防御计划的技术层面及其对战略稳定的潜在影响发表了许多在两国有名的公开报告。几乎可以肯定，国防工业部的报告结论与公开报告的结论非常接近。

苏联军方也发起了对美国战略防御计划的研究评估。这些工作是在各个层面，从国防部长到武装部队的研究机构部门完成的。

总体来说，尽管这些报告对美国战略防御计划的技术前景持怀疑态度，但它们都没能阻止苏联在工业方面推动类似美国战略防御计划的广泛性研究。实际上，苏联内部报告要求在定向能源技术领域继续进行研究，这有可能促使国防工业部做出了自己的判断。对于新型导弹防御系统的潜在不稳定性影响，苏联政治和军事领导层

"接触"航空-反卫星系统（导弹为样弹）

的担忧几乎不存在，主要是因为国防工业部的决策过程通常没有考虑到这些因素。最终在 1985 年夏天，国防工业部制定好了自己的计划，即苏联对美国战略防御计划的对抗计划。该计划将在下一部分中介绍。

第二节　对　称　回　应

1985 年夏天的一系列决定，可以说是苏联对美国战略防御计划回应的巅峰。彼时苏联国防工业部已经确立了提案，并向苏联领导层递交了一个旨在大规模扩展导弹防御、太空军事系统的计划。

中央委员会和部长会议在 1985 年 7 月 15 日的决定，批准了一些"旨在探索建立以陆基和天基系统为基础的多层防御体系长期性研究和发展方案"。应该指出的是，当时并没有承诺部署这些系统。研究和发展工作的目标是："在 1995 年建立技术上和科技上的基础，以便未来有可能部署多层导弹防御系统。"

这个决定批准了两个大型"母"计划，每个计划都包括一系列从基础探索性研究到研制准备、进行特定系统飞行试验的项目。其中一个计划被称为"Д-20"，包括陆基导弹防御领域的研究和开发。该计划的责任分配给了负责导弹防御、预警和指挥控制的无线电工业部。另一个计划"СК-1000"是通用机械制造部下属设计局的产物，负责导弹和太空相关的研究、开发和生产。该计划的重点是天基导弹防御以及陆基、天基的反卫星系统。大多数项目都在1985年前就集中存在于这两个大型母计划中，但有的项目不是需要显著改进就是需要推倒重来。

Д-20计划的核心是莫斯科导弹防御相关项目。该计划的主体是А-135系统，准备在1987年进行测试。此外，1985年批准的计划要求无线电工业部完成А-235的设计草案，以及在1998年完成А-1035后续系统的初步设计。这两个系统实际上已经开发了一段时间，因为在1978年它们便已经获得了政府批准，为"莫斯科工业区"和"主要行政中心和军事对象"提供防护。这些系统应包括许多先进组件，已超出其前身设计的范围。至少有机载传感器和先进识别雷达两个组件被纳入了Д-20计划。

除了保护莫斯科和其他城镇中心的导弹防御系统之外，Д-20计划还包括另一个防御系统，即用来保护军事对象和导弹发射井的"近距离"系统。

首先是С-550系统，它是20世纪60年代初开发的短程大气层内拦截系统С-225的延续。С-225系统通常被认为是А-135计划以及六七十年代的类似大气层内拦截系统的竞争者。该项目于80年代初期终止，其剩下的部分被融合进了А-135系统。从С-225的历史来看，С-550系统可能在1985年之前便开始执行。无论如何，1985年7月的这个决定加快了С-550的进度，包括将它纳入Д-20计划。С-550应是一种可移动的或至少可多重定位的导弹防御系统，用以保护"特别重要对象"。原计划于1990年开始飞行试验，并准备在1992年执行部署。

另一种"桑搏"系统是专用于防御洲际弹道导弹的发射井。关于这个系统的细节很少，但它与美国当时的 Swarmjet 反弹道导弹系统理念相似。根据这个理念，来袭弹头将在发射井上方非常近的位置才被拦截，这使得拦截更加容易，但需要有能够承受核爆炸的硬化发射井。桑搏系统需要依靠金属棒状弹体来摧毁飞临的弹头。它本应在1987 年拥有自己的原型并在 1989 年开始测试。但大约一年后，桑搏系统却被另一种称为"莫济里"的同类型系统所取代。该系统被称为"主动双层"防御系统，并将使用具有常规爆炸弹头的短程拦截导弹，当时预计在 1991 年开始部署。

除上述项目外，Д-20 计划还包括系统集成、大型计算机、弹头和诱饵识别传感器及系统，新拦截导弹及其弹头以及陆基定向能武器等领域的一些研制项目。这些项目大多数是研究项目，它们的初步报告本应在 1988 年到 1989 年间编写完成。

1985 年 7 月的决定中批准的第二个计划"CK-1000"，同美国战略防御计划的愿景更为接近。它包括多种项目：探索发展天基导弹防御、反卫星系统，以及苏联方面称为"空间打击武器"的系统，即从太空攻击地球上的目标。和常规防御系统一样，CK-1000 计划是将70 年代开始的一些项目同最新的项目结合了起来。大多数CK-1000计划中的工程都致力于基础研究和应用研究，但同样也有一些突出的开发项目。

CK-1000 计划中最先进的部分是反卫星计划，旨在攻击"战斗和信息保障卫星，特别是那些属于美国导弹防御系统的卫星"。1985 年7 月批准的发展方案包括自 1970 年以来一直在开发的"赛艇"和"瀑布"天基系统，以及两个新的反卫星计划：开发空间地雷的"壁炉"计划，及创立陆基反卫星系统的"勤务-B"计划。此外还有两个研究项目探索基于"其他物理原理"的武器。

"勤务-B"的概念类似于苏联在 70 年代初部署的"卫星拦截器"

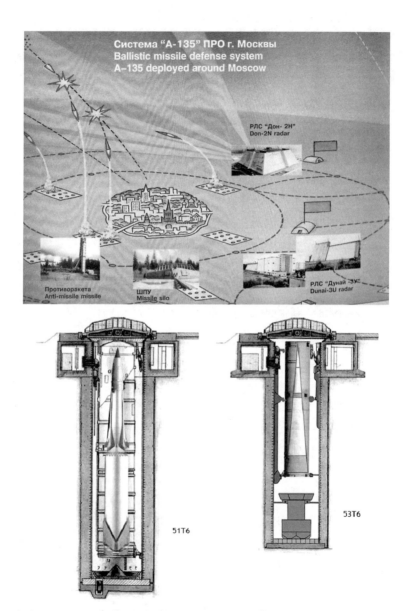

包含"顿河-2H"相控阵雷达在内的莫斯科 A-135 反导防御系统（图注略），
以及 A-135 反导防御系统使用的 51T6、53T6 拦截导弹

从 УР-100Н 弹道导弹改装而来的"轰鸣"（Рокот）运载火箭

原为勤务-B反卫星系统拦截器的搭载平台，该运载火箭配备的"微风-KM"（Бриз-KM）上面级能够开机多达 8 次，以便将有效载荷送入指定轨道。勤务-B反卫星系统拦截器的原型机曾在 1987 年 5 月戈尔巴乔夫到访拜科努尔航天发射场时向其展示过，拦截器本身装有主发动机和导弹武器。

系统。然而，新项目完全由通用机械部主导，不像"卫星拦截器"系统由无线电工业部下属的设计局主导开发。"勤务-B"系统本将使用 УР-100H УТТХ 型导弹及其改进型导弹，来拦截位于低地球轨道到地球同步轨道区间内的卫星。1985 年，"勤务-B"系统计划在 1987 年进行飞行试验。而"壁炉"系统的发展计划有一个更远期的目标：预计直到 1989 年才会生成项目草案，而该系统的飞行试验则更是要等到 1992 年。

CK-1000 计划中的其他武器相关项目，包含研究定向能武器在助推段和外大气层阶段拦截弹道导弹及其弹头的可能性，研究"空间打击武器"以及一些提高军用卫星强度并保护其免受攻击的开发项目。这些研究项目的大部分都本应在 1987—1989 年间完成初步报告编写。

CK-1000 计划还包括当时苏联近乎全部正在进行的太空运载火箭和卫星项目：从能源-暴风雪号重型火箭、和平号轨道站，到光学和电子侦察、通信和导航卫星。一些发展方案致力于改进太空部队的指挥和控制系统。虽然这些项目中的大多数显然在 1985 年 7 月做出决定前便已存在，不过将它们与反制美国战略防御计划捆绑在一起，可能会使国防工业得到更可靠的资源。

第三节　军备控制开始

1985 年 7 月的决定，表明了苏联政府对发展各种导弹防御和太空武器技术的重大决心。国防工业部显然正在利用美国战略防御计划所创造的环境，来提高资金水平并获得一些计划外的资源。导致这种对抗性回应计划被批准的另一个因素，是美国国内对停止遵守限制战略武器谈判条约可能性的热议。尽管美国最终决定不跳出条约限制范围，但美国国内的这一讨论很明显地造就了苏联方面的主要印象：军备控制条约的现有结构正在崩溃。在这种情况下，对导弹防御潜在的破坏稳定因素持严重保留意见的政治、军事领导人，并不能提出可以取代国防工业部计划的方案。只有在涉及特定武器计划的决策、谈判的立场、计划的发展、导弹防御系统的技术评估经过试错发生变化，并为美苏关系带来转变后，才会有替代方案出现。

"赛艇"天基反卫星激光系统的发展可以很好地说明这个过程。如前几节所述，1984 年在激光方面的延迟导致不得不对该项目重新评估，转为制造演示型"赛艇-Д"航天器。该航天器仍将会装有激光器，但并不是可用于反卫星任务的激光器。预计它将在 1987 年年底完成首次飞行。然而，1985 年 7 月的决定要求加快部署时间，上级要求国防工业部在 1986 年生产出可以上天的航天器，尽管这意味着它只会是一个模型样机，且不会装备太多正式产品才会有的设备。这个新航天器被命名为"赛艇-ДМ"。

"赛艇"计划的加快，跟"能源"重型运载火箭的首次发射任务提前息息相关，因为它有望将"赛艇-ДМ"送入轨道。国防工业部认为"能源"火箭和"赛艇-ДМ"是其最优先的项目，因为它们可以展现出国防工业部有能力构建复杂的天基系统，并以回应美国战略防御计划为由为"对称"计划进行辩护，使其具有合理性。

"赛艇-ДМ"计划的发展进度加快后，到 1986 年秋天，航天器的工作基本完成。"能源"火箭与"赛艇-ДМ"系统的结合试飞计划在 1987 年春天实施。该系统最初被认为仅仅是实物模型，但现在的新资料排除了它仅仅是一个进行重量模拟的有效载荷系统，其上有新型提示与瞄准系统、新型雷达、低功率激光器，还有一套在测试提示与瞄准系统时可与航天器本体分离的复杂靶标。航天器还计划测试与气动激光器相配套的无坐力排气系统，后者在未来将安装在其他航天器之上。

如果说在 1985 年决定制造一个可以在轨道上进行多种武器相关

试验的航天器还很合理，那么到 1986 年年底就变得不自然了。在 1986 年 10 月的雷克雅未克峰会上，太空导弹防御系统的测试成为主题，这使得苏联领导层更加关注太空计划对其谈判立场的潜在影响。

这一改变，可能是导致国家委员会决定取消"赛艇-ДМ"及所有类似天基武器系统测试的原因。1987 年 2 月，用雷达和激光跟踪分离靶标的试验被取消。同样被取消的还有模拟气动激光器太空运行的试验。

当"能源"火箭在 1987 年 5 月准备发射前，任务差点被取消。政治局在最后时刻准许了发射。1987 年 5 月 15 日火箭成功发射，能源号运载火箭表现良好，但"赛艇-ДМ"由于导航系统中的软件错误而未能进入轨道。这反倒可能让苏联避免了重大的外交挫折。尽管航天器的大部分试验已被取消，但"赛艇-ДМ"系统如果运转成功可能会让限制天基武器系统的发展变得困难。

围绕"赛艇-ДМ"在 1987 年 5 月试飞的争论，反映了该计划自 1985 年被批准以来，在优先程度上的根本改变。如果说 1985 年该计划被视为保持战略平衡的核心要素之一，那么到了 1987 年，苏联政治领导人认为该计划成了其与美国达成军备控制协议的障碍。由于没有政治上的支持，该计划很快就陷入停顿。虽然苏联方面没有正式决定终止"赛艇-Д"项目，但到 1987 年 9 月所有关于新航天器的工作都已停止。

在涉及定向能武器研究与开发的 CK-1000 计划中，同样还有项目被迫停止。没有证据表明 1987 年以后这些项目的工作仍在继续。

作为 Д-20 计划中的核心项目，常规导弹防御系统的发展也在 1987 年迎来了重大转折。该领域的旗舰项目，即 A-135 莫斯科导弹防御系统，相比 CK-1000 计划的定向能项目并无太大争议。A-135 系统符合《反弹道导弹条约》，也符合苏联的谈判立场。A-135 系统的部署似乎拥有很高的优先级。1987 年 2 月，戈尔巴乔夫考察了莫斯科州普什金诺的"顿河-2H"相控阵雷达施工现场。当月晚些时候，该方案的管理得到巩固和加强，以确保雷达建造工作能在1987年11月完成。1987年3月在萨雷沙甘（今哈萨克斯坦境内），A-135系统的开发人员使用原型系统进行了拦截弹的首次飞行试验。

1987年10月，莫斯科导弹防御系统的"顿河-2H"战斗管理雷达建造完毕，但军方坚持认为该系统还需要进行调试，暂时还无法服役。因此1988年到1989年间，该系统继续进行着雷达和拦截导弹的测试，直到1989年12月被认为能够进行"试验性服役"。

尽管有所延后，但按照苏联的标准，A-135计划是成功的。新武器系统以"试验模式"开始服役是相当普遍的，而设计师们则致力于解决测试期间发现的问题。然而从1987年开始，A-135系统及其后继系统A-235和A-1035的工作进度显著放缓。这反映了对这些系统功能作用的评估发生了变化。与Д-20计划获批时对那些典型导弹防御系统性能的乐观评估相比，1987年A-135及其后续系统在评估时受到了更多限制。作为Д-20计划内研究的一部分，军方制定了导弹防御的技术规范，其中包括一些技术上无法实现的性能。在另一重要方面，即将达成的关于消除欧洲中程导弹的协议使得导弹防御系统中的关键部分不再紧要。虽然A-135系统的工作仍在继续，但显然它已不再是一个高优先级项目。最终，莫斯科周边的拦截导弹部署在1990年才开始，直到1992年彻底完成。

第四节　非对称回应

伴随着对主动导弹防御兴趣的下降，苏联对击败美国导弹防御系统的反制能力的把握逐渐加强。虽然一些项目在1984年就已开始，但在这方面的集中发力都是在雷克雅未克峰会之后才开始。1986年10月14日，峰会结束后两天，苏共政治局就要求国防工业部就美苏削减武器协议提出有关战略进攻力量结构方面的建议。政治局还要求军方和工业部门拿出办法，"加快反制措施相关工作，以防止美国可能部署多梯次防御系统，特别是天基部分的系统"。最终，国防委员会在 1987 年 7 月收到了"对抗"计划和"概念-P"计划的提案。此后不久，中央委员会和部长会议便批准了这两项计划。

正如"对称回应"中的 Д-20 计划和 CK-1000 计划一样，反制措施工作也由两个不同的部门管理。"对抗"计划由通用机械部管理，"概念-P"计划由无线电工业部管理。虽然这些计划到了 1986 年年底才最终成形，但其核心项目在 1984 年或更早时就开始执行了。

"对抗"计划是"СП-2000"计划（一项更早的意在实现战略进攻力量现代化的浩大工程）的后续计划。它包括对象为"核三位一体"的子计划以及研究战略指挥和控制的子计划。

能够想到的是，СП-2000 工程中的大部分精力都花在了如何提高陆基弹道导弹性能，以及如何提高对抗天基导弹防御系统的反制措施有效性上。СП-2000 工程计划对 20 世纪 80 和 90 年代服役的战略导弹，包括 Р-36М2 导弹、РТ-23УТТХ 导弹、"白杨"导弹和"信使"导弹进行现代化。对"先锋"中程导弹也计划进行现代化改进，以提高其穿透导弹防御系统的能力。此类项目都包含两个阶段，即有效率的短期改进和提高导弹渗透效率的长期探索性研究。但这些都不是应急计划。原本预计这些项目的技术草案编写会在 1988 年到 1989 年完成，但没有哪一个计划明确了进行飞行测试的日期。

СП-2000 计划下还有多个单独研究项目，以求提高效率。其中大部分在当时的反制美国战略防御计划措施框架下得到了广泛讨论，包括缩短导弹助推段、旋转导弹、减少弹头的探测特征、突防装置、使导弹防御感应器失效的方法等。所有这些都是长期研究项目，本来预计在 80 年代末得到初步结果。

　　起初，CΠ-2000 计划致力于现有洲际弹道导弹的逐步现代化，并未计划进行任何重大新开项目。但该计划最终也被用来推出新项目。"机械制造"科研生产联合体提出了配备滑翔式再入战斗部的洲际导弹概念，并将其视为击破美国导弹防御系统的方式之一，上述概念形成的"信天翁"项目，于 1987 年被列入 CΠ-2000 计划。

　　关于战略舰队，CΠ-2000 计划主要侧重于 P-29 和 P-29PM 海基弹道导弹的现代化。它还包括对两种新型潜射弹道导弹的研究：小型单弹头的"西方"和分导式多弹头的"东方"。虽然这两个项目都于 1985 年之前便已存在，但它们仍只处于早期阶段，因为两种导弹都不会在 1990 年年中前进行飞行试验。

　　CΠ-2000 计划的战略航空部分包括提高巡航导弹强度和降低其雷达特征的研究，以及对新型低空远程巡航导弹的研究。该计划还包括特别的"灰壤"工程，即部署由米-26 直升机携带的中远程巡航导弹。

　　如果说 CΠ-2000 计划包含一些"被动的"反制措施项目，那么"概念-P"这一"非对称回应"计划则旨在通过直接攻击卫星来对抗美国的战略防御系统。"概念-P"计划的主要目的是巩固由无线电工业部主导的反卫星工作，即"接触"空基反卫星系统项目和由"卫星拦截器-M"（ИС-M）陆基系统升级而来的 ИС-MУ 系统项目。这两个系统自 1984 年以来一直在开发中。ИС-MУ 系统曾预计在 1987 年至 1988 年间开始飞行测试，而"接触"系统曾预计到 1989 年开始飞行测试。在"概念-P"计划下，无线电工业部设立了一个新项目，为 A-135 莫斯科导弹防御系统开发一种非核拦截导弹，使该系统能够直接攻击低地球轨道上的卫星。A-135 系统的"护身符"反卫星拦截器技术项目草案曾预计于 1989 年完成，这意味着直到 90 年代中期才会对该系统进行飞行试验。

　　除反卫星项目外，"概念-P"还包括无线电工业部开展的其他所有太空相关项目，包括范围涵盖海洋及美国本土的УС-КМО预警卫星系统的开发、太空监视网的现代化及其与反卫星系统的结合。

尽管在1987年之前就已经讨论过针对美国战略防御卫星的反制措施，但是对抗计划和"概念-P"计划获批仍被认为是非常重要的一步。这两项计划提供了苏联国防工业可实际操作的一套详细措施，大多数项目使用经过验证的技术，不需要做任何技术突破，且开支相对低。同时，对这些措施有效性的技术评估，是以当时所积累的关于美国战略防御系统能力的详细信息为依据的。

上述这些，使苏联军事和政治领导人拥有足够信心与美国谈论削减武器。尽管严格说来导弹防御问题和《反弹道导弹条约》仍是美苏谈判中的话题，但在1987年9月的美苏华盛顿峰会上，苏联方面取消了导弹防御问题这一议题。

对抗计划中所包含的具体措施，集中于提高弹道导弹击破或穿透天基防御系统的能力。对于导弹推进阶段的措施，包括开发可缩短助推段的新发动机、用吸热材料保护弹体并实现导弹旋转。对于部分反制措施的设想是，要在导弹飞行途中发挥作用，包括新的突防装置、机动弹头和滑翔式再入战斗部。

作为在推进阶段就试图击破导弹防御系统打算的一部分，苏联对"组合式导弹"概念进行了详细研究。这个概念要求对P-36M2导弹和PT-23УТТХ导弹进行修改，使它们可配备多重第二级助推系统，即在P-36M2上会有8个推力系统，而在PT-23УТТХ上的推力系统将达到5至10个。因此，导弹将在动力飞行中更早地瞄准多个目标，使对方想在导弹推进过程中实施拦截更加困难。按照对该项目的预测，这种调整可以在不大幅降低发射重量的条件下进行，并且大大增加穿透防御系统的可能性。

对抗计划中有一套单独的措施来专门改善井射导弹的脆弱问题。苏联考虑了类似美国MX导弹的多重防护掩体和密集导弹发射井方

Пусковая установка ПГРК «Скороход»

基于 MA3-7908/7909 四轴底盘和 MA3-7929 五轴底盘的"信使"（"竞走
者"）导弹系统运输-发射装置

案。防护掩体用于装载 РТ-23УТТХ 导弹，而密集发射井则用于小型单弹头导弹。除此以外，Р-36М2 导弹的发射井需要加强到可承受300 个大气压的强度。所有这些陆基发射井受到"莫济里"近距离导弹防御系统的保护，该系统是 Д-20 计划的一部分。

对抗计划中的这些反制措施最终未得到部署，主要原因是它们被作为应急应对措施而制订，以防美国和苏联未能就减少战略进攻型武器达成协议，或者美国退出《反弹道导弹条约》。还有一个原因是，苏联在 1983 年前后开始的攻击型武器现代化过程中左右为难。实施的任何新措施都必须要纳入下一代战略系统，而后者要在 90 年代中期才会部署。对抗计划实际上是将苏联对美国战略防御计划的回应与武器的现代化相结合，保证了反制措施能够及时生效。无论如何，这些反制措施计划的存在都是令苏联领导层愿意继续削减战略进攻性武器的关键原因。

第五节 已 实 施 项 目

苏联国防工业部和军方对美国导弹防御计划进行了评估并制订了一套具体计划来应对其潜在部署能力，这对推进美苏军控谈判起到了非常重要的作用。反过来也是如此：削减武器的对话搅乱了苏联国防工程，将政治支持转移到裁减军备、改变国防工业和有效的军事支出上。这种优先权的改变导致一些之前已获批准的计划被终止。

在这种情况下，反制美国战略防御计划中的一些项目持续到了1990 年及以后。正如预料的那样，围绕资源和政治支持竞争的结果，最终都是那些被认为最实用、最有效且最便宜的项目获批，从而消除了大多数类似定向能武器这样的高花销"奇技淫巧"。

有三个项目在 1990 年进行了飞行试验，即"信天翁"导弹系统、"勤务-В"和"卫星拦截器-МУ"陆基系统。其他一些系统在当时被认为是在役的，尽管其可行性存疑，包括"接触"空基反卫星系统、"瀑布"天基反卫星拦截器、"壁炉"天基太空地雷，以及为莫斯科导弹防御系统开发的"护身符"反卫星拦截器。

"信天翁"导弹计划自1987年2月启动以来经历了非常重大的转变。起初，该计划希望设计生产一种新型固态燃料洲际弹道导弹，可将其部署在发射井、公路导弹发射车和一种类似于多重防护掩体的"可移动发射井"中。该导弹将配备滑翔式再入战斗部，在飞行过程中大部分时间都借助大气层来避免被探测到，从而穿过导弹防御系统。然而，导弹的技术计划草案未能获得批准，该计划于1989年9月被取消。而滑翔式再入战斗部的开发工作得以继续，并于1990年至少在飞行中进行了两次试验。飞行试验本应继续进行，但最终因1991年苏联解体而中断，然而项目得以保留。2004年2月，再入战斗部再次进行了测试，但这已经变成了俄罗斯针对美国新导弹防御部署计划的回应的一部分。

"信天翁"计划中导弹的部分，最终演变成另一个新项目。1989年，一种"普遍型"单弹头固态燃料导弹被分配给两个设计局研究。南方设计局得到了研究井射导弹的任务，而莫斯科热工技术研究所的任务则是研究公路发射型导弹。到1991年，南方设计局制造了一个准备进行飞行试验的原型，但由于苏联解体，导弹并未发射。苏联解体后，该项目被转移到了莫斯科热工技术研究所，导弹成功完成发展，即后来的"白杨-M"导弹。1997年，这种类型的头两枚导弹被部署在了发射井中。到2006年，第一批公路发射型导弹开始服役。

部署"卫星拦截器-МУ"系统是一个颇具争议的事件。虽然该系统的早期版本"卫星拦截器-M"名义上仍然部署在战备任务中，但它使用的技术已经过时，整个系统需要现代化。此外，苏联仍然受其1983年宣布单方面暂停反卫星试验的约束，这让现代化工作更为复杂化。在 1989 年至 1990 年期间，苏联外交部曾多次尝试终止该项目，希望以此来加强苏联在谈判中的地位。然而，国防工业部成功打消了这些想法，称苏联需要"卫星拦截器-МУ"来摧毁美国导弹防御系统的卫星，或者至少可以将其用作谈判的筹码。最终，"卫星拦截器-МУ"系统得到部署并且于 1991 年 4 月开始服役，直到 1993 年8 月退役。

"勤务-Б"陆基反卫星系统在基本架构上与"卫星拦截器-МУ"非常相似，但它的能力更强，可以瞄准低地球轨道到地球静止轨道上的所有卫星。"勤务-Б"系统的拦截导弹不像"卫星拦截器"系统那样依赖于专用发射器，而是部署在适用于常规导弹发射井的УР-100Н УТТХ 导弹上。这意味着可以考虑大规模部署拦截导弹，正如在某个时间点曾讨论过部署多达 100 枚拦截导弹。设计师们推动着拦截导弹的飞行试验，最终在 1990 年 11 月 20 日进行了亚轨道飞行试验。之后，没有迹象表明该系统进行了进一步试验，但该计划被保留，可能在未来恢复。

"顿河-2Н"多功能有源相控阵反导防御雷达

　　至于 1990 年仍然有效的其他计划，如空基反卫星系统、天基导弹、天基地雷和莫斯科导弹防御系统的反卫星拦截导弹等，在苏联解体后没有关于它们相关进展的信息。基本上可以确定，它们在苏联解体后很快就被终止了。

第三章 贵重如金:"顿河-2H" 相控阵雷达的研制历程

20世纪70至80年代,面对潜在敌人,即美国可能发起的航空-太空攻击,苏联方面在对抗系统的改进工作中,特别是在新一代多功能相控阵雷达的研发上,急需解决一系列最复杂的科学技术和生产组织问题。

"顿河-2H"雷达的研制涉及苏联半导体产业的升级换代,需要由科学家、设计人员、生产人员和军人组成大量集体付出艰辛努力,同时还需牵头的"三角旗"中央科研生产联合体(ЦНПО «Вымпел»)与苏联无线电工业部、苏联部长会议委员会时刻保持紧密协作。对于能否在规定时间内解决其中一些关键问题,苏联方面一开始其实并没有把握(尽管后来的事实证明,苏联的科研人员做到了)。

"顿河-2H"雷达项目的关键部分及相关工作(制造样机设备、雷达标准设备和51T6、53T6反导导弹的自动检查试验站),被交给了"三角旗"中央科研生产联合体下属的第聂伯机械制造厂实施(该厂位于乌克兰第聂伯彼得罗夫斯克)。雷达综合系统的5个设备部分中,有4个需要在第聂伯机械制造厂生产。有源相控阵天线传输和雷达信息数字化处理设备(专用计算机)的开发工作,是当时苏联跨工业部门级别的最重大科学研究和试验设计事项。

第一节 苏联国防工业的收益

"顿河-2H"雷达项目对于第聂伯河机械制造厂十分重要,作为

"三角旗"中央科研生产联合体的主要生产基地,该厂根据设计文件,曾预先制造了大量反导防御系统、导弹来袭预警系统、宇宙空间监测系统、外层空间防御系统雷达站设备的样机,这种前瞻性工作虽然大大降低了雷达设备的开发时间和财政支出,但会对新技术的利用和企业生产潜力的发挥造成不利影响。为了抵消这类不利影响,在"顿河-2H"雷达项目的准备工作中,采取了集思广益的做法,第聂伯河机械制造厂的职工在技术设备制样和试验中为设计文件编制人员提供了大量支持。

"顿河-2H"雷达项目的生产准备工作持续了数年之久,主要包括人员培训、设置新的工作岗位、改造既有设备、开发和实施新技术,以及制造出设备并调试、对功能齐全设备进行综合试验等等。之后标准设备的生产过程大约又持续了5年之久。

为了试验雷达站设备,苏联方面建立了可保证无线电辐射低于95分贝的场地,在"顿河-2H"雷达项目之前,这样级别的工业建筑的修建实践在苏联无线电行业没有先例。苏联技术人员制订了数个容积在800—1 600立方米的屏蔽室方案,用于调试雷达设备,调试23Д6和24Д6自动检查试验站设备系统,改进了一个巨型地下试验室(超过1万立方米,无线电密封焊缝长度约5千米)的技术设计。

在"顿河-2H"雷达项目上,苏联方面体现出了为打造新技术设备不惜重金但又谨慎的态度。这一最重要的国防项目获得了相当多的资金,但监管却也是最严格的。在对开支进行详细论证并经独立专家鉴定后,才开始为项目的科学研究和试验设计工作计划拨出资金。

项目产品的定价受到苏联国防部订货机构和国家控制机构的严格监督。对于导弹来袭预警系统和反导防御系统雷达标准设备的单独装置,国家订货方按实际成本来约定价格,同时规定制造厂的收益水平在 2%—3%。对于相控阵雷达站中重复使用的装置——5H20 多功能雷达的 300 个发射模块——在设备制造过程中曾数次商定价格，每批以 50 个为基准，确定收益率为 10%—12%。制造厂为了获得收益，尽可能地降低工时，而订货方为了严格维护国家的利益，在新批次装置的价格上进行压价。国家订货方曾在一天之内就和制造厂完成了产品相关的核算。

贵重金属在元件基础或电缆产品开发中也被严格控制使用。使用昂贵部件需要经过论证和详细计算，然后再对使用方案进行辩护。

例如，为了保证"顿河-2H"雷达专用计算机达到指定速度性能，需要一种损耗极低、具有电气长度高动态稳定性的无线电电缆。在试验中出现了两种电缆：一种是中心导体镀银的，另一种是导体涂覆金合金的。为了获得依据，工厂装配了样品并同订货方代表一起进行了测试。结果只有第二种使用黄金的电缆表现出指定性能。由于安装专用计算机的一个设备柜就需要 50 多米电缆，而专用计算机总共有 500 多个机柜，故黄金的用量达到了数十千克，需要从苏联国家计委委员会那里得到使用黄金的许可。

国家计委曾建议对这两种电缆再进行一次检测，但对于项目开发人员来说这是无法接受的，因为这会推迟设备安装工作的启动时间。最终的解决办法是：在保证进行补充研究的前提下，国家计委给予了使用镀金层的临时许可并在"莫斯科电缆"厂开始制造项目需要的线缆。而在第聂伯机械制造厂开始了设备安装。后来正如预计的那样，新的测试再次表明黄金不可替代，它的使用最终被正式批准。

在获取"单元-块组"联结接头使用许可时，也出现过类似的情况，只有涂覆金合金的接触点（接触器）才能达到需要的速度和指定的可靠性指标。

"顿河-2H"多功能雷达站的标准设备按当时价格超过了 10 亿美元。

第二节　雷达的数字化

如今，数字技术应用已成为生活中的常见现象，也是体现社会发展程度的一个指标。有说法称，数字技术已成为经济突破的驱动器，是国家发展的重要基本环节之一。

而对于 20 世纪 70 年代的苏联来说，将雷达信号的形成和处理过程数字化也是十分必要的。在创建导弹-空间防御信息系统的过程中，苏联方面决定在"顿河-2H"项目中采用雷达信号数字化处理，这在当时来说是相当大胆的一步，因为这涉及导弹防御系统多功能雷达的各种复杂信号的处理，需要计算机具备足够高的、惊人的运算率，而当时苏联的既有设备明显还没有达到所要求的水平。

由于苏联"传统"的计算技术设备开发机构无法提供合格的专用计算机实施样机，第聂伯机械制造厂设计局另行开发了"顿河-2H"多功能雷达站的雷达信息实时数字化处理设备（此外他们还成功开发出了雷达信息控制和处理装置的数字化设备）。

第聂伯机械制造厂设计局根据苏联国防部第四总局的指示，为声波定位和测距综合系统的信息子系统开发了计算设施设备，以保护特别重要对象（洲际弹道导弹发射阵地、核电站等）免受隐形低空武器载具（轻型飞机、直升机和无人平台）的攻击。在进行这一重要项目期间，第聂伯机械制造厂设计局在数字化设备的研制中借鉴了"钻石"中央设计局应用"花剑"自动化设计系统（САПР «Рапира»）的经验，使用双面印刷电路板设计子系统和软件-信息保障基本手段，解决了第一级数字化设备（单元）的开发问题。

第三节　"弧线"惊动美国国务院

1972 年，第聂伯机械制造厂设计局开始攻关 5Г93（B03B）项目，该项目的内容是研制出能够自动检验"弧线"超视距雷达性能的综合系统［洲际弹道导弹升空尾焰无线电辐射模拟器和超视距雷达站视野方向无线电通道（无线电波传播条件）参数测量器］。在"花剑"自动化设计系统和"ПРАМ"全工序包干自动化设计系统辅助下，第聂伯机械制造厂设计局开发出了模拟器的计算设备，并通过这种方式获得了数十种一级和二级集成设备（多层衬底单元、块组）的设计文件和工艺文件。但与此同时，设计局发现了既有的自动化设计系统存在不足，所使用的元件基础（集成电路、大规模集成电路）器身技术数据存在局限，并导致开发工作出现误差。因此第聂伯机械制造厂设计局不得不自己改进系统，去开发自己的元件基础测验工具并形成对它们的可靠描述。后来第聂伯机械制造厂设计局更进一步，开始了自己更高级设计系统（"第聂伯河"自动化设计系统，САПР «Днепр»）的研发工作。

第聂伯机械制造厂设计局在导弹来袭预警系统项目下进行的数字化模拟器开发工作得到了军方的高度评价，并在专业领域内受到了广泛赞扬，尽管在模拟器首次开机进行实物试验过程中（试验在尼古拉耶夫市，"弧线-1"超视距雷达站的责任区内进行）引发了外交事件。美国监控设备错误地探测到巴尔喀什靶场出现弹道导弹大规模发射的信号（约 20 枚导弹），美国国务院发布的抗议很快就传到了试验实施者那里。苏联方面为此进行了解释，并调整了试验方法。

1973 年时，另外 3 个 B03B 模拟器投入使用并成功应用于"弧线-2"超视距雷达站（切尔尼戈夫市，阿穆尔河畔共青城）的检验工作，从而节约了发射实弹的巨额费用。后来，美国《航空周与空间技术》（*Aviation Week & Space Technology*）杂志上出现了一篇文章，介绍了中情局对于上述话题的看法，并描述了俄国人是如何偷偷用模拟器替代了真实发射来欺骗美国人的，但对于创造这种手段的苏联技术人员给予了很高评价。

第四节　最高水平的自动化控制系统

第聂伯机械制造厂设计局所担负的"顿河-2H"雷达项目，较之以往在技术水平上要复杂百倍，工作量也远超先前。

按照军方的极高要求，快速开发出数字化处理大量雷达信息流的战斗设备是一项创举。当时苏联还没有开发这种级别设备的经验，也没有相应的开发工艺。

为实施"顿河-2H"雷达项目，第聂伯机械制造厂设计局首先需要创造一种工艺设计工具，能够保障第一级到第四级集成数字化设备的自动开发——从多层印刷电路板基础上的单元、通用暗盒（包括带有各单元的块组和后场通用多层印刷电路板）、带块组的机柜再到由2—5个机柜组成的功能齐全的装置。这样的工具必须是最高水平的自动化设计系统，这是一个独立于雷达项目但又与之平行的事项。

之后通过数年的努力，设计局完成了第一阶段任务——创造出了"顿河-2HП"雷达样机的专用计算机设备。

其间，第聂伯机械制造厂设计局也完成了第一版"第聂伯河"自动化设计系统的开发，其架构中包括数字化设备软件系统、微程序设计系统、检测和检验系统、印刷电路板设计系统和"单元-暗盒-机柜"组合设计文件编制系统。该系统的主要优点和优势是，在生成设计文件的同时编制出成套工艺文件（玻璃光掩模、钻孔程序、检验程序的文件等等）、非标准测试设备的文件以及适用于通用测试测验设备（已开发产品）和非标准测试设备（已成形品）的自动检验方法。

自动检验手段能够在生产过程的所有阶段检测已开发产品的参数——涵盖元件基础检验程序、多层印刷电路板（18 层）和层的质量检验程序以及接头、块组和功能齐全装置的检测。

第五节　"顿河"的起源是"第聂伯河"

文件开发工艺的关键部分是形成产品的数学模型，并按照它们去测验之后造出的装置。数学模型是基准信号的载体（基准信号描述着每一个具体产品的性质），它们既在生产的全部阶段使用，也在运行阶段的定期工作中使用。

元件基础（集成电路、大规模集成电路）的数学描述是产品数学模型的基础，"顿河-2H"雷达项目所要求的详细描述，需要 25—30 个穷举微电路特征的参数，而当时项目协作单位提供给第聂伯机械制造厂的文件中仅列有 10—15 个参数。第聂伯机械制造厂填补了这些空白，在专门建造的试验台——模拟器上通过测量确认各个参数。

"顿河-2H"多功能雷达站专用计算机文件的形成过程中使用了800 个元件基础描述，而元件基础文库在第一阶段就含有 500 多个描述。这些成果是由参加这项工作的苏联技术人员通过繁重的脑力劳动和集体努力提供的：仅参与的编程人员就不少于 100 名。所获得的数据为设计专用计算机的数字化设备奠定了重要基础。

"顿河-2H"雷达的设备开发工作要求为研发人员和设计人员全面配备自动化工作台（APM-P、APM-K），提供计算技术和测量手段。由于主要运用的是装置以及装置部件的多迭代数学建模，这对于高性能（高输出量）和大容量存储资源提出了需求。为满足上述条件，"第聂伯河"自动化设计系统的计算综合系统由 2 台（之后是 4台）EC 1050 和 EC 1045 型电子计算机构成。

由于一个装置的建模需要计算综合系统连续工作 3—5 天，这周期性地加强了计算能力。每 10 个操作员工位配备了 6 个 APM-P 自动化工作台和 2 个 APM-K 自动化工作台、12 套 EC-7920 数字化显示器综合系统(由第聂伯机械制造厂制造)。还为电路板层的光掩模制造试验段配备了 8 台坐标仪(坐标绘图机)。

综合试验台(总设计师试验台)是专用计算机开发过程中最重要的技术配备,在上面模拟了所有种类的雷达信号。而在专用计算机的技术模型样机上,又对这些信号进行处理并得到关于目标的输出信息,如数量、距离、位置角(高低角)等,还测量了站台电场和其他参数。综合试验台在设备试验中给出大量迭代(模拟反射信号)的能力,使开发人员可以采集统计资料和找出误差,从而提高专用计算机综合系统的结果可靠性。

在第聂伯机械制造厂的产品接收试验期间,进行了专用计算机设备测验和现场对接工作,使用了依照综合试验台通用模式搭建的工作台。

在"顿河-2H"雷达项目的实施单位之间,所有的开发技术设备都通过本地局域数字化网络连接起来。随后在保密通信手段基础上,各个协作企业之间(第聂伯机械制造厂设计局与南方无线电厂设计局、南方无线电厂生产工位之间)建立了跨城市数据传输数字化网络。

第聂伯机械制造厂为完成开发工作台的初期配备和综合试验台的初期搭建,花费了 1 000 多万卢布(按当时汇率,68 戈比兑换 1 美元)。全工序包干的"第聂伯河"自动化设计系统不仅仅是第聂伯机械制造厂设计局的文件自动开发工具,它更是该厂生产工艺过程管理自动系统(ACYTΠ)的生成中心,既有的局域生产自动化设备和新增的生产自动化设备(数控机床、加工中心、通用测试测验设备等)构成了系统的外围装置。借助通信线路,向系统中心加入工艺信息以及产品制造和质量控制工作程序包,同时传输生产过程信息,纸质的设计文件几乎不再使用。

第聂伯机械制造厂制造和投入了数十个自动试验台设备，将其作为自动化设计系统的外围终端，其中包括设备测验工作台的专用计算机，它们的信息处理速度可与当时正被开发的（雷达站）产品相媲美。

生产工艺过程管理自动系统与后来在工厂中成功运作的生产管理自动系统（АСУП）有着一脉相承的关系，为企业活动自动综合系统的开发奠定了基础。

新的数字化设备制造模式和组织方式，推动南方无线电厂实现了多层印刷电路板基础上的单电路板和双电路板单元自动化生产，在一块电路板上可设置 80 个高度集成的集成电路体。在工人和"三角旗"中央科研生产联合体特别工艺设计局的共同努力下，南方无线电厂逐步建立起了当时苏联业内最大规模的无线电电子设备生产基地，年产能达到 5 万个单元。该基地配备了现代化的自动化制造和质量控制综合系统（它们是在执行"第聂伯河"自动化设计系统程序的条件下开发出来的），这些手段被用在了设备制造工艺周期的各个阶段。

第六节　靶　场　之　路

"顿河-2H"雷达靶场样机的专用计算机设备开发、样机本身的制造和试验，持续了近 4 年。苏联方面设计了几套功能齐全的装置，用于接收、处理各类信号，并将它们数字化。

评估这一阶段专用计算机开发结果的关键时刻，是将数字化成套设备作为"顿河-2НП"靶场样机雷达（苏联国防部第 10 国家仪表制造科学研究所第 8 号项目）的部件进行实物试验。在首次开机时，所有东西都立即顺利运作了起来，这是雷达系统开发者们所取得的巨大胜利。

试验中暴露出了许多的问题,但并不是什么能惊扰到谁的大纰漏。这些问题是自动化设计系统的不完善和元件基础器身数学描述准确性不足引起的。消除它们成了第聂伯机械制造厂的新任务,目标是改进开发工具,在整体运作过程中完善专用计算机。为了对设备进行改进,在第 8 号项目上安装了 APM-P 和 APM-K 自动化工作台。在苏联国内的行业实践中,这个数字信道-信息交换网络首次基于保密通信手段和高频通信信道而建立起了超长工作距离,它将第 8 号项目、第聂伯机械制造厂设计局以及南方无线电厂设计局联系起来,能够迅速向各车间传输工艺程序并进行文件调整,文件的纸质形式则通过封闭邮件渠道复制传递。

苏联技术人员用了半年时间确认元件基础数据,修改自动化设计系统组成部分的首要程序,一部分仪器由第聂伯机械制造厂安装管理队在第 8 号项目上完成了改装,另一部分则换成了新设备。在雷达样机联合试验中,专用计算机的表现完全符合技术任务书要求,获得了总设计师和总订货方代表的高度评价。

之后苏联技术人员完成了"第聂伯河"自动化设计系统工具的改进,完善了建模系统,扩展了元件基础描述、单元设计工艺、设备测验方法的文库。"顿河-2H"多功能雷达站专用计算机标准设备的设计文件利用了约 800 个准确的元件基础描述——它们来自苏联最大、内容最丰富的数据文库。随着时间推移,设计数字化设备的这一可靠工具成了九家企业综合利用的对象。

南方无线电厂和第聂伯机械制造厂制造专用计算机标准仪器(数万个单元和 500 多个机柜)时,利用了自动制造和自动参数控制手段,制造工作在没有出现否定意见的情况下完成。在第聂伯机械制造厂的接收-交付试验中,专用计算机(功能齐全装置)的一个功能块的测验程序多迭代调整耗时不超过 3 天,提供的产品符合技术规范要求,具有高水平的准确性,体现出了自动化设计系统开发工具和测验程序的高度完善程度。

借助"顿河-2H"雷达项目的东风，"三角旗"中央科研生产联合体下属各企业按照总设计师设计文件（文件由第聂伯机械制造厂设计局开发）制造的无线电电子产品的年产总额首次超过了科研生产联合体年产总额的 50％。

第 8 号项目的安装和调整在没有出现重大否定意见的情况下完成。专用计算机功能块的独立调整利用了自动化手段和自动程序，进行了约 3 个月，并在规定期限内完成。与接收装置设备的成功对接，确认了控制程序中所模拟的雷达信号与需要的雷达信号完全吻合，所选择的专用计算机参数自动控制模式正确。

按照对接工作的结果，专用计算机设备（它本身价值数千万卢布）的改装费用在 20 万卢布左右。这成了苏联方面开发出来的工具得到有效使用和成功的标志，是设备必然进行调整（按照总设计师设计文件在对接工作和项目综合试验中进行调整）这一背景下的重要先例。而苏联以往的各类项目中，雷达站设备的类似改进费用会占到价格（总价）的 10％。

苏联方面用了近 10 年时间来实现"顿河-2H"雷达的宏大项目，大规模开拓性工作的结果最终向苏联方面表明，在应有的系统性科学、工艺和生产组织保驾护航下，可以实现对风险的有效控制，并在创造和生产超复杂数字化设备时将这些风险最小化。

第七节　取 得 的 成 就

苏联技术人员在创造空天来袭预警系统超级计算机的道路上，历经了千辛万苦。然而在攻克了这项拥有巨大科学价值的难题后，苏联不仅拥有了新的高性能仪器和设备，更摸索出了技术发展的数字化新方向，整合了资源和有效管理的最高任务，激发了国防技术整整一个方向的发展。

数字化处理手段的成功实现，是"顿河-2H"多功能雷达站项目的一大成就，它带来了创纪录的雷达性能参数。"三角旗"中央科研生产联合体经由该项目创造出了世界先进水平的数字化设备开发方法，同时确立了第聂伯机械制造厂设计局（即后来的 СКБ АП——自动化设计专门设计局）"数字"权威开发者的地位。

"第聂伯河"自动化设计系统更是成为苏联各个工业部门的基础。根据苏联部长会议军事工业委员会的决议，该系统应用在了中型机械制造、航空、造船、电子工业企业和其他领域。

自动化设计系统帮助第聂伯机械制造厂设计局开发出了一系列数字化设备，并在"额尔古纳河""鲁扎河""树冠"雷达站（РЛС «Аргунь»，«Руза»，«Крона»）的改进工作中和新型"伏尔加河"雷达站（РЛС «Волга»）的建造工作中得到应用。

开发"顿河-2H"雷达站专用计算机时，"第聂伯河"自动化设计系统带来的经济效应无法估量：如此复杂的数字化设备的创造模式，此前在苏联并不存在。自动化设计系统以及在其基础上开发的产品，成了强力工具，苏联方面借助这种工具，在雷达信息处理数字化设备开发方面取得了科技上的突破。

第八节 相控阵的"服务器"

在"顿河-2H"雷达站项目实施期间，如何选择有源相控阵雷达的发射模块振荡元件，对于苏联方面是一个重大问题。具有适用参数的产品当时并不存在，此时反导防御雷达站的超大功率发射综合系统是以带放大器（结构上为分布式架构）的半主动相控阵模块为基础。

А、А-35、А-35М 系统的"叶尼塞河-托博尔河"雷达站（РЛС «Енисей-Тобол»）采用传统方法来达到指定的雷达发射功率，信号通过

"暴风雪"（Буря）－"刺激"（Стимул）－"超刺激"（Суперстимул）磁控放大管"链"［由"钛"科学研究所（НИИ «Титан»）开发生产］串联加强。这种方式能够向天线发出达 120 兆瓦的脉冲。

而"顿河"雷达站采用的是平板内分配功率的有源相控阵模块，上述经验并不适用。在新的振荡装置模块得到开发前，第聂伯机械制造厂设计局曾同开发了微波振荡器的弗里亚济诺学派的专家及国家订货部门代表进行激烈讨论。最终，萨拉托夫"钽"工厂设计局（КБ саратовского завода «Тантал»）建议使用"多级加强链"方案，并预计经过细致的科学研究和试验设计工作后可以达到所要求的运行参数。这一建议预先考虑了装置的尺寸，使其能够设置在相控阵发射模块的有限空间内。通过这样的解决方案，在相控阵平板内安装数十个总脉冲功率为 50—60 兆瓦的发射模块，就可以提供所需的脉冲功率水平，从而使雷达达到指定的能量特性。

根据上述建议，"钽"工厂将会顺理成章地成为"放大链"的制造者。"钽"工厂在新型电子真空仪器开发生产上拥有丰富经验，该厂为 C-75 防空导弹系统雷达制造了高度可靠、表现良好的"小花玻璃珠"（Бисер，МИ-147，МИ-148）磁控管，也在为反导防御雷达制造其他振荡仪器。

尽管苏联国内的同行对"放大链"模式的看法各不相同，"钽"工厂的建议最终仍被接受，"放大链"项目也得到了"服务器"（Сервант）的代号。

此后则是数家企业——"服务器"和发射模块设备的开发方、制造方——持续数年的共同紧张劳动。

"服务器"由三个串联微波放大级（超高频放大级）组成，发射脉冲为兆瓦级别。全部安装在统一基座上，质量约 300 千克。但制造零件和组装"服务器"的机械工作的繁重程度，大大超出了"钽"工厂的能力，并引起了第聂伯机械制造厂的不满。后来约百种机械零件和波导管的加工被委托给了第聂伯机械制造厂自己——它是雷达技术设备制造的主要制造工厂。

针对"服务器"及其组件的相关工作，第聂伯机械制造厂制造了数个调节工作台试验台设备，并在"钽"工厂（萨拉托夫）和"铁素体"（Феррит，列宁格勒）科学研究所投入使用。

戈梅利无线电厂（ГРЗ）和"光线"（Луч）设计局开发了发射机的天线模块，并进行了生产制造准备工作。第聂伯机械制造厂向戈梅利无线电厂提供了数套 6ДАГ-Д 成套无线电技术设备，用于设置发射段综合调节工作台。

第九节　经验是困难错误之子

"服务器"的开发工作一开始并非一帆风顺——原因是对于独特构造产品的开发经验不足，以及特种合金（分子纯度材料）制造出现了延误。

苏联无线电工业部副部长召集的一次会议上，审议了 5H20（"顿河-2H"）多功能雷达工作的进展情况，包括多功能雷达站组件文件开发计划的执行情况、生产准备情况、新元件基础和部件制造的推进情况。而当谈及发射机和"服务器"工作的相关情况时，相对于进度表的严重滞后开始暴露出来。

萨拉托夫的代表一反惯例，在会议主持人面前将第聂伯机械制造厂生产的几个零件摆上桌面，这些零件表现出了与设计文件不符之处（它们上面的毛刺去除得马马虎虎），并被用来表示这就是滞后的原因。第聂伯机械制造厂的代表在听取了有关自己事务的评论后做出回应："除了桌子上的那些，还有上百同样的零件被提供给了萨拉托夫，但对它们没有出现过抱怨。"

这促使人们对"服务器"项目空转的各种原因进行更深入思考。

对开发工作的进一步详细检查，被委托给了电机工业部第一管理总局的领导人士。

　　曾有那么一刻，有人提出了"服务器"总设计师不完全胜任研发工作，从而相当于委婉地提出了免职意见。不过在后来集体的努力下，苏联技术人员克服了危机并取得了当时想要的结果。推动工作前进的，与其说是被辞退的威胁，不如说是依靠已积累的知识和对情况的冷静判断。在无线电技术研究所和第聂伯机械制造厂，急需的"服务器"模型样机到位后，被用来对 6ДГУ 发射模块和 6ДГМ 调制器构件进行了加工。

　　随着"服务器"、成套发射设备（6ДГУ ＋ 6ДГМ）参数的优化和向上升级，苏联方面进行了相应的设备改装，但这占用了不少时间。

　　1981 年年中，成套发射设备的开发工作接近尾声，成功的不间断运行（一昼夜长时工作试验）确认设备达到了指定参数。然而国家订货部门代表认为一昼夜还不够，继而要求进行五昼夜的长时工作试验（尽管这一要求在技术文件中没有规定）。在技术开发人员徒劳的辩解后（虽然所有人都清楚"订货人永远是对的"），成套发射设备无可指摘地连续工作了五个昼夜，证明了萨拉托夫技术专家和苏联科学院无线电技术研究所开发人员是正确的。

　　之后，苏联方面开始了多功能雷达站四个有源相控阵成套设备的制造和设备投运的综合工程。

第十节　腾　飞

　　第聂伯机械制造厂通过参与"顿河-2H"雷达站项目，从方方面面改变了自身的面貌和生产组织形式。在诸多技术方向上，第聂伯机械制造厂都达到了当时苏联的顶尖水平，它开发出了运算速度极快的专用计算机，与苏联科学院无线电技术研究所、"钽"工厂共同开发出了高度可靠的厘米波段大功率发射装置（它是"顿河-2H"有源相控阵多功能雷达站的基础），确立了按照无纸化工艺开发无线电电子设备和组织生产的新哲学，并且为下一步关键工作——"伏尔加河"雷达站固态设备的制造奠定了基础。

"伏尔加河"雷达站是苏联首个"固态"数字站，具有宽波段频率转换能力。它在 1986 年开始建设，首次采用了大容积结构模块加速建造多层技术建筑，模块中具有的置入构件用于安装连接供电系统和冷却系统的设备，可将建筑的修建工期缩短约一半（这一方法后来应用到了俄罗斯"沃罗涅日"雷达站的建设中）。它原计划 1989 年投运，作为"顿河-2H"雷达站的外延，后因 1988 年《中导条约》生效、"潘兴-2"导弹撤出而暂停，项目在苏联解体后才继续并建成。为了"伏尔加河"雷达项目，苏联方面在第聂伯机械制造厂专门修建了微电子技术车间用于量产发射模块，接收模块则由南方无线电厂生产。

在 20 世纪 90 年代末，"三角旗"科研生产联合体绝大部分的数字化设备制造工艺过程都已在自动化生产和质量控制设备上进行：印刷电路板和单元几乎达到 100%，微波衬底（超大功率衬底）及其基础上的产品达到近 80%，机械加工中超过 50%，调整和试验中达到近 70%。

第四章 ЭП-86、ЛИ89"瀑布"与ЭП-88"赛艇" 项目：苏联天基激光/导弹武器航天器的研制历程

第一节 谜　　团

1987 年 5 月 15 日，"能源"号超重型运载火箭自拜科努尔航天发射场首次升空。它的发射成了当时世界航天界的轰动性事件。这一型运载火箭的出现，为苏联航天打开了令人向往的前景。

发射作业本身及火箭的飞行任务完成得十分成功。然而不知何故，有关运载火箭有效载荷的一切消息，苏联的报刊媒体却保持沉默，避而不谈。报纸上发布的照片，无一例外仅从一个方向上展示"能源"号火箭，读者们无法看清安装在火箭侧面的航天器。

塔斯社有关这次发射的报道，是这样讲的："苏联开始了新型通用大功率运载火箭'能源'号的飞行-结构试验，它将用于向近地轨道发射能够重复使用的宇宙飞船，以及科研和国民经济用途的大型航天器。两级通用运载火箭……能够向轨道输送大于 100 吨的有效载荷……1987 年 5 月 15 日莫斯科时间 21 点 30 分，该型火箭在拜科努尔航天发射场实现了首次发射……运载火箭第二级将卫星的全尺寸-全重模型送入了计算点。全尺寸-全重模型在与火箭第二级分离后，本应借助自身发动机进入圆形近地轨道。但由于星载系统工作异常，模型未能进入预定轨道，随后溅落在太平洋水域。"

这份报道，虽阐明了一些东西，但却带来了更大的谜团。从报道

上可以得知，全尺寸-全重模型（这种飞行器被火箭-航天领域的工作者称为"假弹"）装有"自用发动机"和"星载系统"。但是，如果这仅仅是质量尺寸模型的话，那么上面就不应该存在发动机和系统。存在发动机和系统，那么发射上天的就不该叫质量尺寸模型……

五年后，在《地球与宇宙》杂志 1992 年第 4 期（"Земля и Вселенная"N4，1992 г）上，出现了一篇名为《不为人知的"极地"号》（Неизвестный "Полюс"）的短文，提到了在 1987 年 5 月 15 日发射，却未能进入轨道的那个航天器。不过这篇短文仅是照在"能源"号火箭神秘载荷上的"些许光亮"。又过了四年，在科罗廖夫"能源"火箭航天集团的相册中，"能源"号火箭前所未见的另一侧图像才公之于世，这些图像显示，运载火箭侧面安装的是一个黑色长圆柱体，其上有着两个标记："极地""和平-2"。

随着上述材料的公开，在媒体上，特别是在网络上，引发了多次

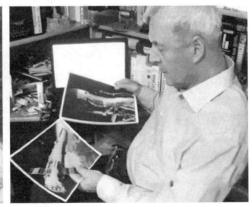

《地球与宇宙》杂志 1992 年第 4 期，文章
《不为人知的"极地"号》的配图（左图）

这张照片首次公开了苏联天基激光航天器项目，而坐在左下方的正是该项目的负责人之一，"礼炮"设计局主任设计师尤里·彼得洛维奇·科尔尼洛夫（Юрий Петрович Корнилов）。

科尔尼洛夫的照片第二次公开出现是在 2017 年（右图）

关于"能源"号火箭有效载荷及其首次飞行的议论，令人十分难以置信的说法间或出现。如马克·韦德（Mark Wade，知名航天领域分析人士、以大信息量和内容独特性而著称的网络百科全书 Astronautix.com 的编者）就这样写道："'极地'号是战斗轨道站太空试验平台……它上面有着应对反卫星武器及激光武器的防护手段……为了保障航天器防卫火炮的引导，平台还加入了光学瞄准系统作为雷达的补充。"

一些西方分析者比马克·韦德走得更远，得出"极地"号是苏联版战略防御计划下的首个战斗轨道站的结论；而另一些则保证，这个航天器是用来发展"和平-2"号未来大型轨道站舱体的。

第二节　苏联的空天防御

将宇宙空间应用于军事目的，是实践航天学从一开始就肩负的任务。毕竟只有在充裕的国防部资金支持和政府对国家安全的兴趣的推动下，科研人员才能够创造出那些宏伟的技术设备，例如运载火箭和航天器。20 世纪四五十年代之交，美国和苏联都不约而同地开始研究太空军事方案。

苏联自 20 世纪 50 年代末开始，就针对美国军用侦察卫星进行对抗器材的研制，1963 年 11 月 1 日，苏联首枚机动型卫星"飞行-1"号（Полет-1）进入近地轨道，1964 年 4 月 12 日，"飞行-2"号升空。这些航天器由切洛梅设计局研制，并成为卫星拦截器（ИС）的原型。卫星拦截器本身发射于 1968 年 11 月 1 日，在其升空的 5 周年之际，该系列的另一枚拦截器成功实现了太空中的首次拦截。在 20 世纪 60 至 80 年代期间，苏联进行了数十次卫星拦截器试验，最后一次完成于 1982 年 6 月 18 日，作为苏联核力量庞大演习（即西方所称的"七小时核战争"）的一部分而实施。

60 年代末至 70 年代初，美国率先开始了在宇宙空间中作战或从太空中实施对地作战的可行性研究工作。苏联太空攻击性武器的相关工作则始于 20 世纪 70 年代中期，由瓦连京·彼得洛维奇·格卢什科领导下的 "能源" 科研生产联合体承担。"能源" 联合体在项目合作组织中的主导地位，是由 1976 年苏共中央及苏联部长会议研究太空战斗及太空对地战斗武器制造能力的专门决议（Постановлением ЦК КПСС и Совета Министров СССР "Об исследовании возможности создания оружия для ведения боевых действий в космосе и из космоса"）直接赋予的。这一决议中所安排的工作，和美国总统里根七年后在本国正式宣布支持的那些几乎一样。

70 年代至 80 年代，苏联方面进行了综合研究，以确定制造军用航天器的有效方法（要求这些军用航天器具备击毁敌国军事用途的航天器、飞行过程中的战略导弹以及极重要的空中、海上、地面目标的能力）。在这一时期，以同一结构为基础，研制出了两套空间作战系统——"赛艇"（Скиф）激光作战系统和 "瀑布"（Каскад）导弹作战系统（它们的主要区别就在于采用不同类型的武器，一个主要反卫星，一个主要反导）。两者具有通用的辅助组件，均由 17К ДОС 轨道站的结构、辅助系统和动力、电力设备发展而来，但与原版不同的是，两者都使用了大容积燃料罐以满足变轨的需要。

1996 年，科罗廖夫能源火箭航天集团出版了官方历史，对此作了如下描述：

> 70 年代到 80 年代，集团进行过综合研究，以确定制造杀伤性航天设备（能够毁伤军事用途的航天器、飞行过程中的战略导弹以及极重要的空中、海上、地面目标）的可行方法。科研人员那时提出过以现成科研技术半成品为基础，同时结合其在生产上和财政上的可持续性，来实现指定设备执行必要任务的目标。
>
> 为了毁伤军用航天目标，集团在统一结构基础上研制过两型

配有不同武器综合系统的航天器，即激光型航天器和导弹型航天
器……

　　导弹型综合系统的质量相较于激光型综合系统更小，这使航
天器能够容纳更多的燃料储备，因此合理的设想是，制造由不同
战斗航天器组成的轨道组合系统，一部分安装激光武器，而另一
部分安装导弹武器。在这种设想下，第一种（导弹型）运行在低
轨道上，而第二种（激光型），根据目标，运行在中高轨道和地
球同步轨道上。

　　"赛艇"和"瀑布"航天器的发射入轨，按计划应在"质子-K"
火箭的第一试验阶段以及更晚的"暴风雪"航天飞机试验阶段实施。
它们可由"暴风雪"航天飞机运入轨道，并借助"暴风雪"航天飞机
上的加注设备完成燃料填充。开始长时间地在轨战斗值班后，战备维
护则改用载人宇宙飞船来进行（2个宇航员，期限最多到7天），包
括使用"联盟"宇宙飞船。

　　为了摧毁处于被动段（弹道导弹的弹道分为主动段和被动段）的
弹道导弹及其弹头部分，"能源"科研生产联合体为"瀑布"导弹作
战系统研制了天基导弹-拦截器。从"能源"科研生产联合体的实践
结果来看，它已是体积最小，却拥有最强劲机动力的导弹。在数十千
克的发射重量下，这种导弹-拦截器的典型速度可与当今搭载了有效
载荷入轨的火箭的速度相当。它的优秀性能得益于一系列新技术手段
的应用，特别是当时苏联在仪表制造微型化方面所取得的最新科技成
果。"能源"科研生产联合体的自主研究造就出了独一无二的动力装
置，运用了创新性的非低温燃料和极其坚固的复合材料。

　　另有资料说，"瀑布"导弹作战系统的火箭-拦截器是由诺德尔曼
设计局（Конструкторское Бюро Точного Машиностроения им. А. Э.
Нудельмана，苏联著名的航炮和航天器射击武器设计局）根据"能

源"科研生产联合体的订货研制的。为了在轨道上进行导弹-拦截器的试验，曾决定装备一批到"进步"货运飞船上。在 1986 年至 1988 年的第一阶段，作为"瀑布"系统研制项目的一部分，曾计划发射 5 次配备有该型导弹-拦截器的"进步"货运飞船（"能源"科研生产联合体的试验机械制造厂曾按照编号 129、130、131、132、133 制造出了这种改进型"进步"货运飞船）。但后来导弹-拦截器的在轨试验却没有进行，这些飞船又都被改回了原样，用于执行单纯的货运任务，90 年代初随着"能源"系统研制项目的取消而被彻底放弃。

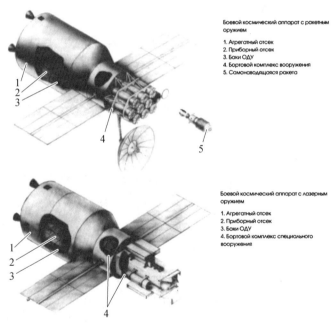

Боевой космический аппарат с ракетным оружием

1. Агрегатный отсек
2. Приборный отсек
3. Баки ОДУ
4. Бортовой комплекс вооружения
5. Самонаводящаяся ракета

Боевой космический аппарат с лазерным оружием

1. Агрегатный отсек
2. Приборный отсек
3. Баки ОДУ
4. Бортовой комплекс специального вооружения

"瀑布"（Каскад）导弹作战系统（上图）
"赛艇"（Скиф）激光作战系统（下图）

上图图注：1. 成套设备舱室；2. 仪器舱室；3. 联合动力装置罐；4. 武器综合系统；5. 自导火箭-拦截器。
下图图注：1. 成套设备舱室；2. 仪器舱室；3. 联合动力装置罐；4. 站载专用武器综合系统。

"瀑布"战斗航天器的自导导弹-拦截器全尺寸模型实物照片。
它应是世界上首种实体化的、用于在低轨道拦截被动段弹道
导弹的天基碰撞武器。

图注：1. 机动发动机；2. 火箭助推器燃料罐；3. 定向及稳定发动机；
4. 校正发动机；5. 端头级燃料罐；6. 光学系统。

"赛艇"作战系统的激光设备主要由"天体物理"科研生产联合
体（НПО Астрофизика）——苏联激光领域的领头机构研制。

第三节　"赛 艇"家 族

1981 年，苏联的空天防御计划已经到了从理论迈向试验之时。
为了"赛艇"和"瀑布"航天器制造项目的相关工作，"能源"科研
生产联合体将过去的老对手——"礼炮"设计局吸收为新的分支机
构。此前，苏联所有的"礼炮"重型轨道站皆出自这两家企业之手。
"礼炮"设计局参与了"钻石"轨道站和 TKC 补给运输飞船的研制，
并因此在苏联空天防御计划中保留了"支柱"地位。格卢什科在
1981 年将基础平台、"赛艇"和"瀑布"航天器等所有服务系统的制
造工作移交给"礼炮"设计局，莫斯科赫鲁尼切夫机械制造厂成为战
斗轨道站的制造企业——在这家企业内曾完成了苏联全部"礼炮"轨
道站、"钻石"轨道站和 TKC 飞船的组装。

与弹道导弹对抗是一项非常复杂的课题，因此订货方——苏联国
防部转而决定首先研制有效的反卫星武器。总体来说，让航天器失去

能力比发现和摧毁飞行中的战斗部更加容易。研制中的系统被要求能够摧毁未来美国的战斗航天器，从而破坏美国对于核导弹的额外防护。"杀手" 轨道站与当时提出了 "先发制人打击" 概念的苏联军事学说正好契合。按照这一概念，苏联的反卫星轨道站将首先使美国的战略防御航天器失效，而后苏联洲际导弹或将对对方领土实施打击。

不过国防部对激光战斗轨道站提出了大量任务要求，"赛艇" 航天器因此变得相当巨大和复杂，这使得 "天体物理" 科研生产联合体无论如何也无法按照国防部和 "能源" 科研生产联合体提出的质量（重量）和能量指标来 "安装好" 激光 "大炮"，结果 "赛艇" 项目的进展变得比军方所预期的更慢……

到了 1983 年，美国宣布实施战略防御计划，计划下的太空项目也在实施之列。这一事件给苏联带来了强烈刺激，加速了苏联自身的空天防御计划，"赛艇" 和 "瀑布" 项目获得了政治上，以及随之而来的财政上的有力支持。

正是在这一时期，出现了过渡版本的激光武器航天器。不过称之为过渡型号或许并不恰当，因为在接下来的工作中，大量的资金、时间，以及多个机构的巨大精力都投在了它身上。实际上，这个 "过渡型号" 成了苏联太空激光武器研制项目的首要方向。

一言蔽之，苏联方面的方案非常简单：在航天器上安装已经研制成功的、经过验证的激光器，以进行太空试验。库尔恰托夫核动力研究所的一个分支机构研制的 1 兆瓦功率激光装置被选中。这是一种为伊尔-76 验证机研制的二氧化碳气动激光器，到 1983 年时，激光器已经完成了飞行试验。按照初步计划，"赛艇" 轨道站一开始会配备试验型激光器，但后续为提升激光器功率，会使用液态氟作为泵浦激光工质。由于工质会在激光发射过程中消耗殆尽，故轨道站需进行加注——为执行这项工作，曾打算在 11Ф35 航天飞机基础上开发多次使用太空加注机变体，并配备基于 "轨道-轨道" 类型导弹的自卫综合系统。

**A-60 验证机，也被称作伊尔-76ЛЛ с БЛ，即带有战斗激光器的伊尔 76 飞行
实验室**

移植了伊尔-76 飞行实验室战斗激光器的航天器被称为"赛艇-
Д"型（17Ф19Д Скиф-Д），字母 Д 意为演示型号。1984 年 8 月 27
日，通用机械制造部部长阿列克·德米特里耶维奇·巴克拉诺夫
（Олег Дмитриевич Бакланов）签署了第 343/0180 号命令，"礼炮"设
计局被确立为"赛艇-Д"航天器的首要制造单位，这项命令的签署
也意味着官方批准了重型军用航天器的制造项目。通用机械制造部随
后于 1985 年 5 月 12 日发布的第 168 号命令，催生了"赛艇-Д"航天
器各制造企业的协作组织。最后，鉴于反导问题的优先性，苏共中央
及苏联部长会议于 1986 年 1 月 27 日专门针对"赛艇-Д"航天器做出
了第 135—45 号决议（并不是每一种苏联航天器都会享有这种"殊
荣"）。根据决议，"赛艇-Д"的首次发射应在 1987 年第二季度
进行。

"赛艇-Д"首先是一个试验型航天器，除了试验激光器外，还计

划试验一些为后续军用航天器研制的标准系统，包括分离和定向系统、运动控制系统、供电系统以及站载成套设备的控制系统。为试验"赛艇-Д"上的激光器，苏联计划安装专用的靶标以模拟旋转导弹、战斗部和卫星，借助"赛艇-Д"航天器的建造计划，制造太空目标毁伤航天器的基本能力也得以展示。

　　为了加快"赛艇-Д"项目进度，"礼炮"设计局决定最大限度地借鉴先前项目和当时主要项目的经验。在"赛艇-Д"上，应用了ТКС运输飞船、"暴风雪"航天飞机、"质子-K"运载火箭、"和平"号轨道站核心舱及其他舱体的部件，航天器长 40 米，最大直径 4.1 米，质量近 95 吨。

《地球与宇宙》杂志 1992 年第 4 期中"赛艇-Д"航天器的想象画

但画家将对接口画在了发动机舱室上。对此有两种说法：第一种认为画家画错了或是出于当时保密需要有意识地改动了位置；第二种则认为更改对接口位置是为了方便"进步"货运飞船向"赛艇-Д"航天器补给燃料，如此一来，将大幅延长其在轨时间。

从结构上看，"赛艇-Д"（编号 18101）由两个相互刚性连接的舱体（功能服务模块和专用舱）组合而成。

功能服务模块以 TKC 飞船的 11Φ77 功能货运模块为基础研制，用于"赛艇-Д"与运载火箭分离后的助推加速，该模块通过补充助推"赛艇-Д"至必要的 60 米/秒，将航天器送入支撑低轨道。功能服务模块中还放置有航天器的主要服务系统，为了向它们供电，模块还安装有从 TKC 飞船移植而来的太阳能电池板。

专用舱则没有原型，它由三个新造的舱室构成，即工作物质舱室、能源舱室和专用设备舱室。工作物质舱室中放置有二氧化碳罐，用作激光源。能源舱室用于安装两台大型电气-涡轮发电机，每台功率 1.2 兆瓦。专用设备舱室中设有战斗激光器本体以及瞄准定位系统，为了使激光器更易瞄准目标，专用设备舱室的头部被制造成可转动的（相对于其他设备具有某种程度的转动性）。专用设备舱室的两个侧面模块内配有靶标，用于研究试验瞄准定位系统和战斗激光器。

不过"赛艇-Д"在制造进程中却遭遇了一系列技术性难题。首先，科研人员完全不清楚二氧化碳气动激光器能否在轨道上（真空和失重条件下）进行发射。为了解决这一问题，在赫鲁尼切夫工厂内建造了专门的试验台。试验台占有很大空间，包括四座 20 米的立式圆柱形真空作业塔，两座 10 米的烟灰色低温组分存储罐和大直径管道的树状网络。时至今日，这些厂区内的建筑仍然提醒着人们回忆起昔日苏联自身的空天防御计划。

兆瓦级激光器的气体动力也带来了许多问题。当激光器运作时，工作气体（二氧化碳）的消耗非常巨大。激光器引起的气流会造成干扰力矩，为了消除这一现象，科研人员决定研制无力矩排气系统：因自身外形而被称作"共同气道"的专门管道，从激光器一直延伸到能源舱室，那里安装了专门的带燃气舵的排气管，用于平衡扰动力矩。

"赛艇-Д" 的无力矩排气系统由拉沃奇金科研生产联合体（НПО им. C. A. Лавочкина）研究和制造。

在制造激光器的供电系统，特别是电气-涡轮发电机时，科研人员遇到了真正的困难：在对它们进行试验时，出现了爆炸情况；发电机涡轮在运作时，也会对航天器产生巨大的力矩。

"赛艇-Д" 的运动控制系统异常地复杂，毕竟要靠它实现头部转动和整个航天器对于目标的瞄准，它不仅需要排除因发电机运作、激光器排气、沉重的本体转向等因素而产生的干扰，而且要排除在此情况下专用设备舱室头部快速转动所造成的阻挠。

到了 1985 年已可以明确，通过一次航天器试验性发射，即 "赛艇-Д1" 号（Скиф-Д1）不携带战斗激光器入轨，来测试所有的辅助系统是必要的。而配备 "专用综合系统" 的航天器则计划在 "赛艇-Д2" 号（Скиф-Д2）上实现。

尽管如此，"赛艇-Д" 项目依然问题缠身、困难重重。"礼炮" 设计局的设计师们碰上了一样又一样无法完成的任务。尽管随着时间的推移这些难题是可以克服的，但绝不是在通用机械制造部发布的命令和苏共中央、苏联部长会议决议先前所规定的那个期限内。在 1985 年年末审察 1986 年至 1987 年计划时，"赛艇-Д1" 号（编号 18101）的发射被安排在了 1987 年 6 月，而带有激光器的 "赛艇-Д2" 号（编号 18301）则被安排在了 1988 年发射。

"礼炮" 设计局曾计划在 "赛艇-Д" 之后制造 "赛艇-三棱刺" 航天器（17Ф19С Скиф-Стилет），这也是一种重型航天器，并考虑由 "能源" 运载火箭发射。在 1986 年 12 月 15 日通用机械制造部发布的关于 1987 年至 1990 年工作方向的第 515 号命令中，"赛艇-三棱刺" 项目被列入。由 "天体物理" 科研生产联合体研制的 "三棱刺"（1К11 Стилет）站载专用综合系统（激光系统）被计划安装在这一型航天器上。

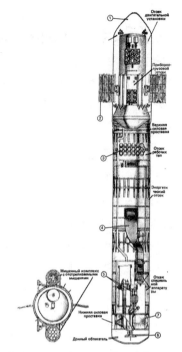

Устройство КА «Полюс»: 1 — головной обтекатель; 2 — солнечные батареи; 3 — система хранения и подачи рабочих тел; 4 — система безмоментного выхлопа («штаны»); 5 — перспективная система сближения и стыковки КА; 6 — антенна бортовой радиолокационной станции; 7 — мишени

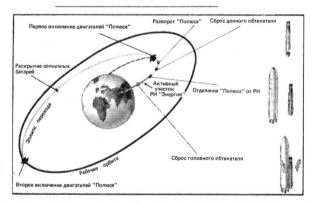

《地球与宇宙》杂志 1992 年第 4 期中的"极地"航天器结构图示（上图）
《地球与宇宙》杂志 1992 年第 4 期中的"赛艇"航天器轨道运行示意图（下图）

上图图注：1. 头部整流罩；2. 太阳能电池板；3. 工作物质储存和供给系统；4. 无力矩排气系统（"共用气道"）；5. 规划的航天器接近与对接系统；6. 站载雷达站天线；7. 靶标。
下图图注略。

"三棱刺"（1К11 Стилет）陆基激光系统，也就是广为熟知的激光坦克

17Ф19С 航天器所使用的"三棱刺"激光系统，是已研制成功并在 80 年代通过了试验的陆基"三棱刺"系统的天基版本。这是一种工作波长为 1.06 微米的"十波"红外激光装置（有说法称天基版本是将十束红外激光汇聚成一束来实施攻击）。不过陆基"三棱刺"系统受大气环境和能源限制，并不是用来破坏和摧毁敌方技术设备的，而仅仅是用来使光学装置的瞄准镜和传感器失去作用。在地面上使用"三棱刺"系统是低效的，但在太空的真空环境中，它的有效射程将大幅增加。天基版的"三棱刺"系统完全可以当作反卫星器材，毕竟对于敌方卫星来说，光学传感器失去能力基本上意味着设备的死亡，为了提高"三棱刺"系统在太空中的作用效果，专用镜头被研制出来。1986 年 9 月，天基版"三棱刺"系统的电动操作模型样机在"天体物理"科研生产联合体完成研制，后交由"礼炮"设计局进行试验。1987 年 8 月，镜头罩的试验台原型也研制成功。

在更往后的长远规划中,"礼炮"设计局曾打算研制同属于一个系列的各式重型航天器,例如在重型平台基础上(其与"能源"运载火箭配套)研制"赛艇-У"(17Ф19У Скиф-У)通用太空综合系统。

第四节 突 击 工 作

项目原本按部就班地进行着,然而 1985 年年中发生的事,成为非同寻常历程的起点,并且世界航天史上再无类似之事。

苏联决定将"能源"运载火箭的试验台型号(N6C)改造为适于飞行的型号(名称也变为 6СЛ),并在 1986 年进行发射。为了此次发射,有效载荷的话题被提起。"暴风雪"航天飞机当时尚未准备就绪,它的研制试飞至少还需等待一年半。"能源"科研生产联合体为首枚"能源"运载火箭研制了模拟载荷质量尺寸模型:一个直径 4 米,长度近 25 米,带有尖拱形鼻部的厚钢板圆柱体。从外形上看,它是"暴风雪"航天飞机货舱的模拟装置,内部设置有隔板(舱壁)以增加强度和重量,没有计划填充额外的压舱物。按照飞行计划,质量尺寸模型不会同运载火箭的第二级分离,而是随火箭第二级在大气层燃烧,碎片落入太平洋水域。

不过航天领域的领导层却提出了另一个方案,利用"能源"火箭的第一次发射来研究"赛艇-Д"航天器的部件……对此赫鲁尼切夫国家航天科研生产中心("礼炮"设计局 1993 年成为其组成部分)的官方记载中是这样描述的:

通用机械制造部决定发射带有 100 吨航天器模型(有效载荷)的"能源"运载火箭。1985 年 7 月,"礼炮"设计局总师波卢辛(Д. А. Полухин)召集了所有领导人员并宣布:通用机械制造部部长巴克拉诺夫下达了为试验"能源"火箭制造 100 吨

"假弹" 的任务。"假弹" 需要在 1986 年 9 月到来时完成……

最初 "假弹" 的外壳决定借用 "赛艇-Д" 的壳体，并在其中填充水或者沙子。研究了不分离和可分离质量尺寸模型两种方案，前一种方案中的全尺寸-全重模型上不带任何系统，直接刚性连接在火箭中段。后一种可分离全尺寸-全重模型可以装备 "暴风雪" 航天飞机的分离系统，并会在真实发射条件下对其进行试验。

但过了一周，巴克拉诺夫就变更了 "礼炮" 设计局的任务。新任务要求制造能够在轨运行一星期的航天器，不过这种航天器制造起来并不麻烦，利用化学电池电源即可满足一星期的寿命周期，采用化学电池能极大地简化供电系统。只是人造航天器要进入轨道，就需要有发动机装置，于是 "礼炮" 设计局的设计师们决定在全尺寸-全重模型上配置和 "赛艇-Д" 一样的功能服务模块，这样就能够顺带研究 "赛艇-Д" 从发射到与火箭分离并入轨的全过程，亦可在不带有专用设备的情况下测试 "赛艇-Д" 的在轨动力学情况。

又一周后，任务再一次发生变化。这一次通用机械制造部部长要求 "能源" 火箭有效载荷的在轨运行寿命达到一个月。"礼炮" 设计局面前有了两种选择，一种是让模型在轨一个月什么也不干，另一种是借此对 "赛艇-Д" 项目进行有益的综合实验与试验。于是已经完成的那些 "赛艇-Д" 标配系统全部被装进全尺寸-全重模型进行太空测试。这一决定的结果使 "赛艇-Д" 的模型机，也就是 "赛艇-ДМ"（Скиф-ДМ）航天器得以诞生。1985 年 8 月 19 日，巴克拉诺夫签署了与 "赛艇-ДМ" 相关的第 295 号命令，尽管制造这样的航天器有着各种困难，但 "赛艇-ДМ" 的发射期限依然被定在了 1986 年第三季度，而原有的 "赛艇-Д" 发射工作丝毫未变，仍旧计划于 1987 年第二季度实施。

第五节　演示型与模型

"赛艇-ДМ"的制造被直接交由"礼炮"设计局副总师弗拉基米尔·弗拉基米洛维奇·帕洛（Владимир Владимирович Палло）负责，在他之下又有分工：由主任设计师尤里·彼得洛维奇·科尔尼洛夫（Юрий Петрович Корнилов）负责航天器的总体工作和专用舱工作，爱德华·季莫费耶维奇·拉琴科（Эдуард Тимофеевич Радченко）负责功能服务模块的工作。

"赛艇-ДМ"得到了 18201 的编号，排在"赛艇-Д"（编号 18101）之后，却需要更早地发射。从外观上看，除了专用设备舱室的可转动头部外，"赛艇-ДМ"和"赛艇-Д"还有着诸多共同之处，"赛艇-ДМ"也是由两个舱（专用舱和功能服务模块）组成，但它的长度为 36.9 米，最大直径 4.1 米，连同功能服务模块的头部整流罩在内重 77 吨。

"赛艇-ДМ"的功能服务模块内置发动机装置和服务系统，前者用于"赛艇-ДМ"与火箭分离后的辅助助推，但后者依原有的设计并不是用来在真空中工作的。为了在较短期限内尽可能加快制造速度，"赛艇-ДМ"的功能服务模块直接使用了 16701 号 ТКС 飞船的功能货运模块。16701 号飞船是七艘 ТКС 飞船中的最后一艘，根据 1970 年的订单制造，它在 ТКС 系列飞船的飞行计划取消后，原本被打算用作"和平"号轨道站 37КД 舱体的牵引飞船。不过到 1985 年时，用 ТКС 飞船为 77 系列舱体服务的建议未能被采纳，于是 16701 号飞船的功能货运模块就此闲置。

功能服务模块由具有密封性的仪器载荷舱室和发动机装置舱室组成。仪器载荷舱室在锥形衔接处的最大直径为 4.1 米，在圆柱外壳处的直径为 2.9 米（不含整流罩），总长为 6.2 米，它的球面底部"嵌

进"了发动机装置舱室内，并与发动机装置舱室形成一个整体，经由
锥形衔接处与航天器专用舱相连。仪器载荷舱室内放置有"赛艇-
ДМ"的服务系统，包括运动控制系统、站载综合系统中的控制系
统、热工状况保障系统、供电系统、"天狼星"（Сириус）遥测控制系
统、"光谱-2СК"（Спектр-2СК）程控时间系统、无线电通信操纵系
统、整流罩分离抛出系统等。在仪器载荷舱室表面，安装有 2 个稳定
定位发动机-精确稳定发动机模块，2 个源自 ТКС 飞船的展开式太阳
能电池板、8 个燃料罐、压缩气瓶（用于挤压供给燃料和运行气动自
动装置）、2 个角速度补偿校正系统模块（每个包含 2 台固体燃料火
箭发动机）、"立方-回路"（Куб-Контур）操纵无线电线路天线、遥测
控制系统天线和热工状况保障系统散热器。

　　发动机装置舱室的外壳由直径 2.9 米的圆柱部分和球面底部组
成，总长 4.4 米。在发动机舱室内，放置有 10 个发动机装置燃料罐
（同仪器载荷舱室表面的那 8 个燃料罐相同）。在其表面（外部侧面），
固定有压缩气瓶。发动机舱室的后部框格上固定有 4 台 11Д442 型液
体燃料校正接近发动机（每台牵引力 417 千克，ТКС 飞船上原先仅有
2 台）和 2 个稳定定位发动机-精确稳定发动机模块。在发动机舱室
的壳体上也安装有 1 个角速度补偿校正系统模块，由 2 台固体燃料火
箭发动机组成。

　　[在功能服务模块上共有 4 个稳定定位发动机-精确稳定发动机模
块：仪器载荷舱室表面的 2 个加上发动机舱室的后部框格上的 2 个。
每个稳定定位发动机-精确稳定发动机模块都由 5 台 11Д458 型稳定定
位发动机（每台牵引力 40 千克）和 4 台 17Д58Э 精确稳定发动机
（每台牵引力 1.4 千克）组成。这样的型号配置也与原先的 ТКС 飞船
不同。]

　　正是由于"赛艇-ДМ"的功能服务模块取自现成——上面的设
备原本是为配合"质子-К"运载火箭发射而准备的——结果功能服

务模块不得不被装配在航天器"顶端"以保持先前已计算好的装载状态。这样的配置也使得"赛艇-ДМ"在与运载火箭分离后会被发动机带着"往回"飞,因此不得不通过在 Z 轴上转向 180 度的方式来使航天器"向前"正常飞行。此外,"赛艇-ДМ"的校正接近发动机被挪到了专用舱,使得航天器的配置进一步复杂化,增加了燃料输送管道的重量。同时,碍于功能服务模块控制系统的特性,航天器在 Z 轴上进行 180 度的转向后,还要再在 X 轴上进行一次 90 度的转向才可进入预定轨道。

为了在运载火箭主动段保护功能服务模块,"赛艇-ДМ"的外部罩有新研制的头部整流罩。这种整流罩由莫斯科"先锋"生产联合体(ПО"Авангард")使用非金属的碳纤维复合材料制成,整流罩呈现黑色。由于航天器装载于运载火箭侧面,专门的整流罩分离抛出系统被研制出来,以保证整流罩脱离时不与运载火箭和"赛艇-ДМ"的专用舱发生碰撞。

"赛艇-ДМ"的专用舱经过了重新设计,内部设置有已经准备就绪的"专用"系统和未来将在"赛艇-Д"上使用的装置。在研制"赛艇-ДМ"期间,拉沃奇金科研生产联合体负责的无力矩排气系统已经实际完成,因此"礼炮"设计局决定将该系统安装上航天器进行气体动力学试验,并测定系统排气时的扰动力矩数值。

预定配置给"赛艇-Д"航天器的激光器目标瞄准和目标捕捉系统,可在 1986 年 9 月来临时准备完毕。对目标的瞄准将通过两阶段实现:首先利用站载雷达站系统对目标进行粗略瞄准,而后使用瞄准捕捉系统(СНУ),借助小功率激光进行精确瞄准。"赛艇-Д"航天器所使用的雷达站由莫斯科精密仪器科学研究所(НИИ точных приборов)研制,瞄准捕捉系统由苏联识别系统的主要研制企业——"无线电仪器"生产联合体(ПО"Радиоприбор")研制。为了处理雷达站和瞄准捕捉系统的数据,以及它们与"赛艇-ДМ"航天器运动控制系统执行机构联动工作时的数据，"氩-16"（Аргон-16）站载数字计算机被投入使用，该计算机的相同型号也配备在"和平"号轨道站核心舱上。此外，"赛艇-ДМ"运用可分离靶标（分为气球和角形反射器型），来校准瞄准捕捉系统的传感器并对该系统进行试验。这类靶标于1985年在ТКС-М"宇宙-1686"飞船上进行的"芍药"（Пион）综合系统军事应用试验中就已经被运用过，"和平"号轨道站"光谱"舱的"天琴座"综合系统（试验）也将采用加工后的此类靶标。当时充气靶标上正在安装钡等离子发生器，用于模拟弹道导弹和卫星。对于等离子发生器的事，官方层面上决定解释为研究人造等离子体与地球电离层相互关系的地球物理实验；至于瞄准捕捉系统射击靶标的事，则解释为试验未来接近对接系统。虽说看起来很诡异的是，新型对接系统试验不是让设备去接近靶标，反而是去打掉它们，但好歹可以解释为研究某种"未来脱离结合系统"。不过美国人完全可能看穿"赛艇-ДМ"航天器的实际任务和目的，毕竟他们自己也在"星球大战"框架下做着类似研究。当然形式上苏联可以一直坚持自己的说法。

"赛艇-ДМ"的专用舱在构成上与"赛艇-Д"的相同，也由工作物质舱室、能源舱室、专用设备舱室、上下承力支座、天线-馈线装置支座、底部整流罩、过渡连接部件组成。专用舱直径4.1米，从底部整流罩到过渡连接部件处的长度为25.2米，专用设备舱室的最大宽度为7.6米。

天线-馈线装置支座上固定有天线，并将专用舱与功能服务模块连接起来，它直径4.1米，长0.6米。上承力支座、下承力支座能将航天器固定在运载火箭上，两者直径皆为4.1米，但上承力支座长1.5米，下承力支座长0.9米。"赛艇-ДМ"的固定系统源自"暴风雪"航天飞机。

工作物质舱室与能源舱室的几何尺寸一致：长为0.6米，直径为

4.1 米。在工作物质舱室内放置有工质输送和储存系统，包括 42 个氪氙气体混合物罐，每一个容量 36 升（气体混合物总质量——420 千克）。经能源舱室向专用设备舱室内的无力矩排气系统输送气体混合物的任务，则交给了带气动自动装置的板片和管道。在工作物质舱室的表面，每 4 台固体燃料火箭发动机为一组，组成两组（个）分离系统模块，同时配有 2 套操纵无线电线路环形天线。

能源舱室实际上则处于空置状态，因为电气-涡轮发电机尚未完成，在它的壳体上仅固定有无力矩排气系统的管道，管道出口由可分离的罩子封闭。在能源舱室的表面，每 2 台固体燃料火箭发动机为一组，组成两组（个）角速度补偿校正系统模块。

专用设备舱室的外壳直径 4.1 米，长 7.5 米，在舱室外部接有两个圆柱状的侧面模块，分别被称为 ББ-Ⅰ 和 ББ-Ⅲ（指位于航天器第一平面和第三平面上的侧面模块）。舱室内，装有独特的金属恒温架，其结构应用了碳纤维。金属恒温架用来加强"赛艇-ДМ"航天器专用综合系统设备的安装刚度和精确度，在框架上固定有圆柱形密封舱（带有球形罩，内部放置站载雷达站仪器）、瞄准捕捉系统部件和无力矩排气系统。在专用设备舱室的前端，固定有站载雷达站的天线、激光器（仅做了设计）、瞄准捕捉系统的摄像光学传感器，以及用于连接地面发射台设备和航天器系统的站载端子板。在专用设备舱室表面，每 4 台固体燃料火箭发动机为一组，组成两组（个）分离系统模块，还有 1 个由 2 台固体燃料火箭发动机组成的角速度补偿校正系统模块。

专用设备舱室的侧面模块内放置有靶标及其发射装置部件，在 ББ-Ⅰ 侧面模块的密封部分中还有瞄准捕捉系统和成套站载设备控制系统的自动装置。ББ-Ⅰ 侧面模块内共有两种靶标：内圈"弹夹"上的 10 个 M1 小型充气靶标和外圈"弹夹"上的 14 个带有钡等离子发生器的 M5 大型充气靶标。ББ-Ⅲ 侧面模块内共有 10 个带角形反射器的 M4 大型靶标。两个侧面模块都有整流罩覆盖，在航天器入轨时整流罩会分离掉。

　　整个"赛艇-ДМ"的表面呈黑色状，这是为了保证航天器的恒温状态而采取的措施。在"赛艇-ДМ"的专用舱内释热装置太少，因此必须最大限度地利用太阳热能进行加温，航天器的黑色表面就能够达到这样的目的。十年之后，在国际空间站的 77КМ 17501 号"曙光"能源舱上，为达到相同的目的也采取了一样的措施。

　　不过为了消除关于"极地/赛艇-ДМ"的谣言，需要再次强调的是：最终"赛艇-ДМ"航天器上没有安装气动激光器，就像没有装配保障激光器运作的电气-涡轮发电机那样。此外，苏联方面也没打算击毁可分离靶标，因为没有东西可以用来击毁它们。

　　11К25 "能源"运载火箭和 17Ф19ДМ "赛艇-ДМ"组成的综合航天器，被称为 14А02 型。"赛艇-ДМ"的主要任务是验证 100 吨航天器的制造原理，其制造经验能对后续重型航天器的工作起到积极作用。在它身上，苏联实现了其航天史上的首次有效载荷不对称侧面放置。通过它，一系列新技术和新材料系统得以落实，新的能够为苏联空天防御计划服务的企业协作组织也建立起来。除了"礼炮"设计局和赫鲁尼切夫工厂外，在"赛艇-ДМ"的制造过程中共有通用机械制造部下属的 45 个企业和其他领域的 25 个企业做出了贡献。

第六节　黑色"赛艇"的诞生

　　"礼炮"设计局的"赛艇-ДМ"项目始于 1985 年 9 月，由于完成期限上的特殊压力（14А02 综合航天器计划于 1986 年 9 月发射），航天器的制造采取了尽可能利用现成设备和既有产品系统（经过改进）的办法：如同上节讲的那样，"赛艇-ДМ"的功能服务模块来源于赫鲁尼切夫工厂中留下的最后一艘 ТКС 运输飞船；站载控制综合系统由 1972 年至 1978 年制造的仪器和经演示过的仪器（在综合试验台、TKC 飞船电气模拟样机上进行过演示）补充而来。与火箭配套的航天器紧固件、过渡连接部件和发射时进行声载荷测量的传感器，则源自"暴风雪"航天飞机模型样机。

航天器各部分设备的制造以并行方式进行。为了节省时间，科研人员决定不在赫鲁尼切夫工厂的检验试验站进行"赛艇-ДМ"的综合试验，而是在拜科努尔完成航天器总装后再进行。这样的工作步骤安排，在 1985 年 8 月 19 日通用机械制造部部长的命令（第 295 号）中就已经明确。按照同一个方案（在发射场进行现场综合电气试验），"和平"号轨道站 12701 号核心舱的发射准备工作也于 1985 年至 1986 年在拜科努尔完成。

苏联国防部航天部队的军事专家参与了在拜科努尔进行的航天器与"能源"运载火箭发射准备工作。没有他们的协助，"赛艇-ДМ"不可能按照苏共中央和部长会议规定的期限升空。

1986 年 5 月 16 日，赫鲁尼切夫工厂完成了功能服务模块的装配，5 月 22 日，功能服务模块运达拜科努尔航天发射场的 92A-50 装配试验大楼（位于第 92 号场地）。5 月 24 日，功能服务模块的现场相关工作展开，先前没有按期运往赫鲁尼切夫工厂的系统部件（运动控制系统部件、部分站载电缆网线、屏蔽真空热绝缘物、联合发动机装置）则被立刻送往发射场的技术综合体。

1986 年 6 月至 9 月，必要的安装装配工作全部完成，电气检测方案准备完毕，遥控系统电气自动装置、供电自动装置、程控时间装置、操纵无线电线路、温度调节系统自动装置的试验启动亦相继进行。科研人员检测了发动机装置、火药启动机以及发动机装置气动液压系统和温度调节系统的密封性，并在温度调节系统外部回路加注了冷却剂。

由于哈尔科夫"电气仪器"科研生产联合体（НПО "Электроприбор"）对于航天器运动控制系统的制造和测试超期，结果功能服务模块的试验一度出现停滞。总体来说，制造一个新航天器时一般是要先制造它的电气模拟样机，或者换种叫法：综合试验台——在综合试验台上要检测航天器在所有飞行阶段中运动控制系统的工作情况。原则上，综合试验台必须要建造三个：在哈尔科夫的运动控制系统制造厂、在"礼炮"设计局以及在发射场地。但在当时已经没有时间做这件事了。所以决定在哈尔科夫用一个综合试验台解决问题，就这样进行了运动控制系统的全部试验。在运动控制系统独立和综合试验结束，运动控制系统已经可以用于航天器飞行的结论得出后，该科研生产联合体的领导层签了字。7月，系统被送往拜科努尔并安装在"赛艇-ДМ"上。

航天器专用舱的工作量则更大，毕竟苏联也是首次制造它。由于没有时间在赫鲁尼切夫工厂内进行总装，专用舱的组成部分（专用设备舱室以及已经接在一起的工作物质舱室与能源舱室）于 1986 年 7 月 15 日被运到拜科努尔，先安放在 92A-50 安装试验大楼，而后转移到第 92 号场地的 92-2 安装试验大楼。在那里，专用舱被组装并进行仪器补充。ББ-Ⅰ 侧面模块中的 3 个在内圈"弹夹"上的 M1 型靶标被移除，取而代之的是 3 个 M5 靶标。与此同时，还完成了声载荷传感器、站载端子板、瞄准捕捉系统专用计算机（位于仪器舱室侧面模块的第一平面上）的安装。由于过渡连接部件当时正由"能源"科研生产联合体制造，工作出现了巨大延迟。

1986 年 7 月至 9 月，在拜科努尔，科研人员进行了瞄准捕捉系统校准、专用舱温度调节系统密封性检测、工作物质的储存和传输检测、无力矩排气检测；检查了靶标发射部件、站载雷达站的仪器舱室和 ББ-Ⅰ 侧面单元的密封箱；完成了瞄准捕捉系统、站载雷达站、无力矩排气系统和罩子开启机械装置的独立试验。

6 月 12 日和 7 月 2 日，"先锋"生产联合体的新型头部整流罩半球形部件分批运抵赫鲁尼切夫工厂，在经过试用和试验后，整流罩被运往发射场。

1986 年 6 月，苏联决定在第 250 号场地使用通用综合试验发射设施（17П31 УКСС）来发射"赛艇-ДМ"。由于此前通用综合试验发射设施被用来进行"能源"火箭的点火试验，所以该发射设施需进行设备补充后才可用于发射新的运载火箭和"赛艇-ДМ"。

最终，所有的问题因为"能源"火箭本身的延误而得到化解，它最快也要到 1986 年年末到 1987 年第一季度才能准备好。况且试验发射设施在补充设备前也无法满足发射火箭的需要。补充改建一个现成试验台的工作量总比另建一个新的发射系统要少，但按照通用机械制造设计局（КБОМ）的初步研究结果，试验台的设备补充最快也要到 1987 年第四季度才可实现。需要完成的试验台设备补充工作，主要包含试验发射装置、通信管线设备装置、"能源"火箭加注-排液高塔和"赛艇-ДМ"维护塔的改建（假如不发射"赛艇-ДМ"，而是发射一个尺寸不超过"暴风雪"航天飞机的"沙子"全尺寸-全重模型，那么"能源"火箭的发射是可以在 1986 年 11 月进行的）。为了加快试验发射装置的准备工作，拜科努尔取消了一系列 N5C 火箭的点火试验，打算以此保障全部部件设备的及时供应和 1986 年 9 月"赛艇-ДМ"的按期发射。

此外，科研人员还决定改变"赛艇-ДМ"的轨道倾角。最开始这一数值为 51.6 度，与后来"暴风雪"航天飞机试验性飞行时一致，但为了预防火箭发生故障，坠落至重要人口密集点和外国领土（实际上不可能完全防止），"能源"火箭只得按照轨道倾角 65 度的路线进行首次发射，这也导致火箭能背负的有效载荷质量降低了 5 吨。

为完成"赛艇-ДМ"系统的 8 种电气模拟试验，科研人员制造了 11 个试验装置：

Выходные патрубки системы безмоментного выхлопа

赫鲁尼切夫工厂内的 82401 号电气模拟样机（左），"赛艇-ДM"样机上的无力矩排气系统出口管（右）。1988 年图像。

分离模拟试验由其中两个装置负责，82221 号模拟头部整流罩分离，82222 号模拟底部整流罩分离；

静态试验由其中三个装置负责，82241 号负责天线-馈线装置支座与头部整流罩的静态试验，82242 号负责天线-馈线装置支座、上下承力支座的静态试验，82243 号负责功能服务模块发动机装置舱室的静态试验；

82231 号负责天线-馈线装置的电磁兼容性试验；

发动机装置试验由其中两个装置负责，82291 号负责 "冷流"（液压），82341 号负责 "热流"；

82451 号负责无力矩排气系统试验；

82301 号负责 59 种各类设备的试验；

82401 号电气模拟机负责在赫鲁尼切夫工厂检测 "赛艇-ДM" 的电气设备。

1986 年 9 月 22 日，在拜科努尔，功能服务模块与专用舱的连接完成，之后便开始了"赛艇-ДМ"的总成试验。不出意料，科研人员发现了之前的慌忙导致的差错：在进行瞄准捕捉系统的独立试验时，两个光度测定传感器的冷却酒精回路未能密封，而在换掉它们后再次进行通道校准和系统独立试验时，又发现了传感器高压供电接头存在不正确的脱焊。值得庆幸的是，后来这些问题被处理掉了。

1986 年 9 月至 10 月，"赛艇-ДМ"完成了温度调节系统内部回路的加注，温度调节系统的检验启动、成套站载设备控制系统和无力矩排气系统的检查，运动控制系统、瞄准捕捉系统、站载雷达站的联合电气检查，无线电系统电磁兼容性试验，发动机和火药启动机自动装置的检查。科研人员还完成了工作物质储存输送球罐的加注、补充助推状态下"赛艇-ДМ"的综合电气试验，并以 11П825 发射综合设施（位于第 110 号场地，为发射"暴风雪"航天飞机建造）方案进行了准备状态检验装配。不过由于时间关系，航天器入轨前各阶段的详查没有进行，只完成了大阶段的检查。10 月 22 日，"赛艇-ДМ"的舱室、系统、设备按照"试验研究综合方案"完成了试验台试验，并取得了良好结果，当天便出具了结论报告。

为了检查瞄准捕捉系统的校准是否完好，同时也为了研究航天器的运输作业（包括在运输中对恒温调节问题进行评估），1986 年 10 月 30 日拜科努尔还进行了"赛艇-ДМ"的测验性运输，航天器借助 17У711 专用运输车在 92 号场地和 71 号场地之间跑了个来回，路程 40 千米。之后科研人员检测了瞄准捕捉系统仪器的校准完好性，进行了运动控制系统、瞄准捕捉系统和站载雷达站的联合试验。结果非常令人满意：瞄准捕捉系统性能稳定。

可当 1986 年 9 月这一限定期限来到时，"能源"火箭、11П825 发射综合设施和航天器本身都没有准备好。由于上述原因，"赛艇-ДМ"直到 1987 年 1 月 22 日才被运往通用综合试验发射设施，而发射任务本身也被推迟到了 1987 年 2 月 15 日。在这段"不得不停运"

的间隙，只能按照决定又进行了一次"试验研究综合方案"下的综合试验（1987 年 1 月完成）。

　　在这期间，黑色的"赛艇-ДМ"上出现了"极地"和"和平-2"两个白色的标识。确切地说，是先有"极地"二字（在航天器从赫鲁尼切夫工厂运到发射场之前就有了），再有"和平-2"的字样（到了发射场上才出现）。事实上从 1984 年开始，"能源"科研生产联合体就在研究"和平-2"大型未来载人轨道站（180ГК）。到 1986 年年初，"和平-2"轨道站组成舱体的类型和尺寸被确定下来，同期完成的技术意见书建议使用"能源"运载火箭进行发射。"能源"科研生产联合体还研究了货物运输补给航天器（ГТА-С），用于将基础舱体（前者和后者相加近 90 吨）发射到"和平-2"轨道站上。由于"能源"运载火箭自身不能将如此重的有效载荷送入低轨道，"能源"科研生产联合体在跨轨道助推组件（блок ДМ）基础上研制了补充助推组件（80 年代末，这一助推组件成为 204ГК 助推器的基础第一级）。货物运输补给航天器（ГТА-С）与"和平-2"的对接机动，需要专门的仪器设备舱室保障，而当基础舱体与"和平-2"对接后，仪器设备舱室会从基础舱体上分离出去。

　　至于"礼炮"设计局这边，1985 年也提出了"和平-2"大型舱体方案，总重也近 90 吨。这些舱体源自"赛艇"和"瀑布"航天器的设计。为了使它们进入工作轨道，"礼炮"设计局建议使用基于 ТКС 飞船研制的牵引飞船（就像在"赛艇-ДМ"上实现的那样）。

　　对于"赛艇-ДМ"上的"和平-2"标识可以这么理解：它是"礼炮"设计局为自己舱体方案所做的一种广告，一种和主导企业（"能源"科研生产联合体）竞争的手段。而官方对此的解释是迷惑对手的办法，即对军用航天器采取的额外保密措施。按计划，如果"能源"火箭带着"赛艇-ДМ"发射成功，报纸的公开镜头只会对着有"和平-2"字样的正面。"礼炮"设计局代表在对拿给塔斯社的通稿加以编辑时，会表述为：在发射期间研究了未来苏联轨道站的舱体全尺寸模型。

在第二次综合试验结束后，发射任务又一次被推迟。制造了通用综合试验发射设施自动控制系统的科斯特罗马"瀑布"机械制造设计局，突然提出急需 17 千米长的干线电缆。这一问题在时任通用机械制造部副部长的舍什金（О. Н. Шишкин）的帮助下才得以解决——他紧急动用飞机把电缆送了过去。

1987 年 1 月 15 日，研究"赛艇-ДМ"发射准备状态的技术领导层会议召开。会议发出的指示是，向航天器加注燃料和气体，在航天器上安装化学能源，并将它装上运载火箭送往通用综合试验发射设施。

在 1 月的最后十天中，"赛艇-ДМ"被运往 91А 场地上的加注站，完成了组分推进剂（偏二甲肼和四氧化二氮）和压缩气体的加注，之后被运往 112А 场地的 11П593 安装-加注综合体大楼……1987年 2 月 3 日，"赛艇-ДМ"在那里被装上"能源"运载火箭。2 月 11日，14А02 综合航天器被运往第 250 号场地的通用综合试验发射设施，并在那里开始发射前的联合试验，但通用综合试验发射设施的改建仍在继续。

14А02 综合航天器实际上是到 4 月份时才完成发射准备。从 1987年 2 月 11 日至 5 月 15 日，14А02 综合航天器在试验发射设施上的准备工作实际上分为了三个阶段完成：第一阶段（2 月 11 日至 3 月 28日）进行了补充加工设备与试验发射系统（装有火箭）的联合检查，更换了技术仪器，启动了 14А02 综合航天器的控制系统；第二阶段（3 月 17 日至 3 月 28 日）为火箭综合系统试验的"粗放"周期（包括运载火箭和"赛艇-ДМ"无线电系统电磁兼容性检测）；第三阶段（3 月 29 日起）为火箭试验的"精细"周期，处理了所有被提出的意见，同时完善修改了预定的技术飞行任务。

通用综合试验发射设施上的黑色"赛艇"与"能源"火箭组合体

　　自 2 月上旬起，运载火箭和航天器就一直竖立在发射装置上。"赛艇-ДM"的燃料和压缩气体都已加满，也装上了站载能源。在这大约三个半月的时间中，它不得不经受极端天气的考验：从零下 27 摄氏度到零上 30 摄氏度的温度变化，历经暴风雪、雨夹雪、大雨到雾和尘暴的洗礼。不过航天器挺住了，在综合发射试验设施上伫立的 100 多天中，黑色的"赛艇-ДM"和"能源"火箭成为拜科努尔的日常景观。

第七节　发射前的"高规格"拜访

　　1987 年 4 月 16 日的技术领导层会议，研究了 14A02 综合航天器的发射准备进度，计划发射时间为 5 月初。不过此时发射日期已经不取决于技术因素，而是取决于更高层级的因素。拜科努尔的人们在等待着戈尔巴乔夫的到来，他来访的主要目的就是察看"能源"运载火箭和"赛艇-ДM"航天器。当着戈尔巴乔夫的面发射"能源"火箭，大体上来说是没有打算过的，人们担心这会影响"总体效率"。不过运载火箭和航天器会保持两天的准备状态，一旦有需要，也能在他面前随时发射。

　　事实上，彼时由于政治原因，航天器的飞行计划正被裁减，对此科尔尼洛夫曾回忆道："由于担心损害国家领导层的缓和声明，国家委员会取消了'极地'航天器的全部在轨科学研究工作。因为只要有人愿意，它完全可以被讲成是制造太空武器的尝试。"

　　受国家委员会政治决策的影响，1987 年 2 月，航天器飞行计划中的所有靶标弹射、站载雷达站试验、瞄准捕捉系统试验和无力矩排气系统氙氪气体混合物喷射都被取消。苏联决定只把"赛艇-ДM"发射入轨，接着让它一个月之后掉入太平洋水域上方的大气层。

　　4 月 20 日，14A02 综合航天器发射准备工作的领导人士做出最终决定，不在"赛艇-ДМ"飞行过程中使用 M1 型靶标，并打算直接在发射台上卸掉所有 7 个 M1 靶标。不过 4 月 27 日这一想法被收回了，因为它会带来巨大的麻烦：需要取掉 96 千克重的 ББ-Ⅰ 侧面模块罩子，3 个内圈"弹夹"上的 M5 靶标和已经填装了 50 千克炸药的靶标弹射系统。没有设备在 11 米高的平台（位于发射台上方，紧靠已经完全加注的航天器）上完成这些工作。

就这样，"赛艇-ДМ"的飞行计划仅剩下 10 个"无顾虑"的测试：4 个军事应用试验和 6 个地球物理实验。5 月 3 日，科研人员延长了"赛艇-ДМ"的设备仪器和系统的贮存寿命，而这些设备系统（温度调节系统、化学电池、弹簧推杆）已经随航天器在通用综合试验发射设施上待了三个多月。

终于，在漫长等待后，"贵客"赐予了他对拜科努尔的关注：1987 年 5 月 11 日，戈尔巴乔夫飞抵发射场。5 月 12 日，他参观了航天技术样机，包括军用的；5 月 13 日，在军官之家会见了拜科努尔的军事工作者和民用领域工作者。戈尔巴乔夫发表了长篇讲话，赞扬了发射场工作者和航天技术研制者。对于"能源"火箭的发射，他没有催促，而是建议研究所有问题，并在充分的准备下才进行发射，毕竟 14A02 是个复杂昂贵的系统。戈尔巴乔夫也没有忘记在自己的讲话中调侃"西方军国主义集团"。5 月 14 日，戈尔巴乔夫飞离拜科努尔，此时距"能源"火箭、"赛艇-ДМ"的发射仅剩一天。然而不管这次发射的结果如何，"赛艇"系列航天器的未来命运已经被确定。之后航天器的入轨事故不过是恰巧给"拒绝"提供了借口。

第八节　夜 间 发 射

在经历了各种裁剪后，"赛艇-ДМ"的飞行计划中仅剩下 10 个测试：4 个军事应用试验和 6 个地球物理实验。军事应用试验 1 的目的是研究无整流容器大尺寸航天器的入轨方案。军事应用试验 2 用于研究大尺寸航天器的入轨条件，以及它的结构和系统要素。军事应用试验 3 拟进行大尺寸和超重型航天器原理的试验性检验（研究通用舱体、控制系统、温度调节系统、供电系统和电磁兼容性问题）。军事应用试验 11 计划研究与航天器飞行相关的方案和工艺。

"幻景"地球物理实验的目的是研究燃烧生成物对于上层大气和电离层的影响。"幻景-1"实验预计在入轨阶段（120 千米高度）进行。"幻景-2"实验预计在补充助推阶段（120 千米至 280 千米高度）进行。"幻景-3"实验则是在 280 千米高度和 0 千米制动（指航天器到达指定高度后，启动发动机保持高度和调整姿态）后进行。

ГФ-1/1、ГФ-1/2 和 ГФ-1/3 地球物理实验计划在功能服务模块发动机装置工作时进行。ГФ-1/1 实验的目的是产生高层大气人造内部引力波。ГФ-1/2 实验用于在地球电离层产生人造"电机效应"。最后的 ГФ-1/3 实验计划在等离子体区和电离层制造大规模电离生成物。不过就算是这样的 3 个实验也引发了飞行任务领导人士的抗拒心理，他们担心这些实验会引起克里姆林宫的不满。

"赛艇-ДМ"的入轨将在 280 千米的高度，即 4 台校正接近发动机第二次启动后完成，用时 T + 3 605 秒（与运载火箭分离后 3 145 秒），其中发动机工作时长 172 秒，冲量 40 米/秒。航天器计划在 280 千米高度的圆形轨道上运行，倾角 64.6 度。

1987 年 5 月 15 日 21 点 30 分（格林尼治时间 17 点 30 分），"上升接触"信号终于发出，巨大的火箭在拜科努尔丝绒般的夜空中升起……

运载火箭的两级工作顺利，发射 460 秒后"赛艇-ДМ"在 110 千米高度与火箭分离。分离过程中，航天器偏向系统没有告警就借助 16 台固体燃料火箭发动机开始工作，不过这种突发状况产生的干扰很小，根据遥测信息数据只启动了 1 台角速度补偿系统固体燃料火箭发动机沿着倾斜通道工作，以保障角速度补偿按照 0.1 度/秒的斜度进行。

分离 52 秒后，航天器的"颠倒"机动开始，并在 T＋565 秒实现了底部整流罩的分离。在第 568 秒时，发出了分离侧面模块罩和无力矩排气系统保护罩的指令，但此时却出现了不可挽回的故障：在航天器完成了预定的 180 度转向后，稳定定位发动机没有停止转动，更糟糕的是，程控时间装置却按照其正常的工作程序，开始了航天器侧面模块罩、瞄准捕捉系统罩和红外地平仪罩的分离，甚至还展开了"立方"系统的天线。航天器由于没有达到所需的轨道速度，于是开始了弹道运动，朝着"能源"火箭中央组件的方向飞去并最终落入太平洋水域。

太阳能电池板的展开情况则不明，不过应该是在航天器落入地球大气层前打开过（程控时间装置在入轨阶段运作完好，电池板有很大概率是打开了）……

第九节　结　　局

从结果上来看，"赛艇-ДМ"的这次飞行固然是不成功的，但这对于苏联航天并不是毫无意义。首先，通过这次飞行，苏联掌握了有关 11Ф35OK"暴风雪"航天飞机载荷的全部必要材料，并保障了之后 11Ф36 综合系统的试验飞行。其次，在航天器的发射阶段和自主飞行阶段，4 个军事应用试验（ВП-1、ВП-2、ВП-3 和 ВП-11）全部完成，还进行了一部分地球物理实验（"幻景-1"实验全部完成，ГФ-1/1 和 ГФ-1/3 部分完成）。在对这次飞行的总结报告中，是这样写的：

通用机械制造部和航天器主任局所批准的 17Ф19ДМ 产品总

体发射任务（1987年5月13日作出了限制目的性试验的决定），按其数量完成了80%以上。

——通过14A02综合航天器的飞行试验首次明确了超重型火箭装载不对称侧面载荷的工作方式；

——为超重型火箭航天综合系统的发射准备工作（所有阶段），积累了大量地面运行经验；

——在17Ф19ДМ航天器遥测信息基础上，获得了大量真实的入轨试验材料，将有助于未来"暴风雪"航天飞机和其他各类航天器的制造；

——开启了能够执行广泛任务的100吨级太空平台的试验，并在其研制过程中运用了一系列新的、先进的配置-结构-工艺方法。

借助14A02综合航天器的发射过程，大量的结构部件接受试验，这些部件后来被应用到其他航天器和运载火箭上，如碳纤维整流罩后来就应用于"量子-2""晶体""光谱""自然"和"曙光"舱的发射。

尽管"赛艇-ДМ"的飞行未获成功，"礼炮"设计局在一段时期内还是继续了"赛艇-Д1"航天器的相关工作（原定于1987年6月发射）。不过随着国家领导层对项目兴趣的骤减，项目资金变得不再充裕，航天器的发射期也一再推迟。目前已知的是：1987年初在赫鲁尼切夫工厂内，已经制造好了"赛艇-Д1"的天线-馈线装置、过渡连接部件、下承力支座、底部整流罩、仪器载荷舱室壳体、发动机舱室壳体和专用舱侧面模块壳体。专用舱其余舱室的壳体则计划在1987年第四季度制造……

此外，由于"赛艇-Д1"瞄准捕捉系统和跟踪摄像光学系统的制造出现问题（由喀山"无线电仪器"科研生产联合体负责），通用机械制造部第一副部长维塔利·侯赛因诺维奇·塔古日耶夫（Виталий

Хуссейнович Догужиев) 只得在 1987 年 4 月 20 日就将瞄准捕捉试验系统和跟踪摄像光学试验系统的交货期推迟到了 1989 年，而正式系统的交货期则推迟到了 1990 年。也就是说，"赛艇-Д1"最快也要等到 1991 年年底才能准备就绪。

1987 年 9 月，"礼炮"设计局和赫鲁尼切夫工厂的 17Ф19Д 项目被终止，从此再未恢复。国际关系的缓和以及苏联时局的变化，使得项目的资金投入在 1989 年彻底中断，冷战和苏联版的"星球大战"都走到了尽头。

1988 年，"礼炮"设计局还曾建议使用"赛艇-ДМ""赛艇-Д""瀑布"航天器的部件，制造一种技术生产舱（ТМП）。它的发射质量为 101.9 吨，在轨质量为 88 吨，其中 25 吨是用来在微重力条件下（10-5 g 至 10-6 g）生产昂贵半导体材料、优质晶格晶体的工艺设备。在技术生产舱上计划安装热电炉（"和平"号的"晶体"舱也配有这

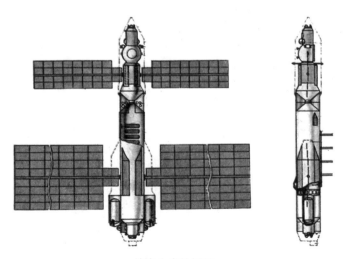

技术生产舱例图

出自《地球与宇宙》杂志 1992 年第 2 期，"礼炮"设计局副总师弗拉基米尔·弗拉基米洛维奇·帕洛撰写的《"礼炮"设计局计划：是太空的远方还是太空的幻景？》（Программа КБ "Салют"：космические дали или космические миражи?）。

种热电炉），为了向它供电，"礼炮"设计局打算装配总面积达 500 平方米的太阳能电池板（源自"瀑布"航天器）。技术生产舱的产品运输可借由"联盟"飞船和"进步"飞船完成，也可由能重复使用的空天系统来完成。"礼炮"设计局先后将这一方案提交给通用机械制造部和俄罗斯航天局，不过等待多年一直未获批准。

1993 年 5 月，"能源"火箭和"暴风雪"航天飞机的项目遭取消，"赛艇"家族的历程彻底终结。

第五章 "暴风雪" 航天飞机的军事应用

1976年11月7日（一说11月8日），在节日的气氛中，苏联国防部航天器总局下达了乌斯季诺夫批准的多次往返航天系统技战术研制任务书。其中明确了制造"暴风雪"航天飞机的目的以及它在未来的作用，包括：

1. 加强宇宙空间军事目的应用，针对潜在对手的各种措施进行综合对抗。

2. 执行有利于国防、国民经济和科学研究的专门任务。

3. 进行军事应用方面的研究和试验，以保障大型空间系统的建造以及在大型空间系统上运用某类新物理概念武器。

4. 将各类太空设备和物资带入轨道、对各类太空设备进行维护。将各类太空设备和物资回收到地面，往返运送航天员。

最初计划建造5架"暴风雪"航天飞机以满足每年进行30次飞行的需要。

"暴风雪"航天飞机完成无人驾驶飞行，从大气层外返回后正在降落，1988年

　　苏联国防部下属第 50 中央科学研究所的最主要的军事航天研究
机构，对 11Ф35 航天飞机参与的所有可行的太空作战方案进行了仔
细研究、模拟（扮演演练）、分析和评估。

　　到 1988 年 11 月 15 日"暴风雪"航天飞机升空时，对航天飞机
军事应用的科学论证已经彻底完成，航天飞机武器的部分技术样品当
时正进行地面研究发展。

第一节　17K ДОС 专用轨道站

　　为了摧毁地面目标，苏联基于 17K ДОС 轨道站研制了专用轨道
站，用于部署携带有弹道型或滑翔型战斗部的自主作战舱。其典型的
作战模式为：在收到专门指令后，自主作战舱开始从轨道站分离，随
后进行机动并占据宇宙空间中的必要位置，之后再根据作战指令分离

正在离开专用轨道站的自主作战舱

出战斗部。自主作战舱的结构和主要系统利用了"暴风雪"航天飞机的技术成果，而战斗部也以"暴风雪"航天飞机的 БОР 试验设备（БОР-4 无人驾驶火箭助推轨道飞行器）为蓝本。

装载核弹、机翼折叠的战斗部，紧凑布置在自主作战舱的有效载

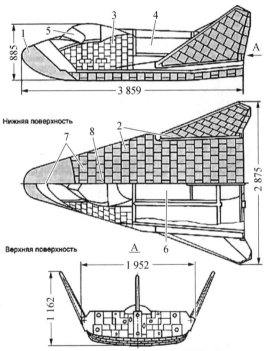

Летательный аппарат серии "БОР-4":
1 - носовой обтекатель из материала ГРАВИМОЛ с противо-окислительным покрытием М-46; 2 - плиточная теплозащи-та ТЗМК-10 с черным покрытием ЭВЧ-4М1УЗ; 3 - плиточная теплозащита ТЗМК-10 с белым покрытием ЭВС-4; 4 - гиб-кая теплозащита АТМ-19 с белым покрытием УФ-11; 5 - ка-лометрические датчики; 6 - термоиндикаторные краски на верхней и нижней поверхностях; 7 - термопары на носовом обтекателе, плитках ТЗП и несущем корпусе; 8 - термоин-дикаторы в межплиточных зазорах.

БОР-4 的结构图

1980 年 12 月 5 日的第一架进行亚轨道路径试验，以检测整体适用性。之后的数架主要用来进行大气层往返试验，检验"暴风雪"航天飞机上所用的隔热瓦（也就是后来才加装的隔热瓦）。图注略。

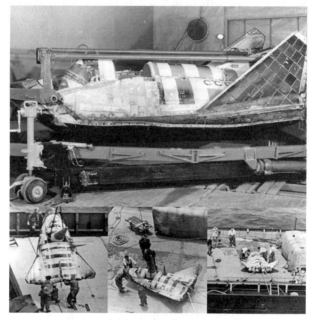

大气层往返试验后回收的 **БOP-4**

荷隔舱内，安放在 3 到 4 个串联布置的旋转弹射装置上。"暴风雪"
航天飞机的有效载荷隔舱尺寸允许在每个旋转弹射装置上放置 5 个战
斗部，也就是说每个自主作战舱总共可携带 15—20 个战斗部。在大
气层中下降时，每个战斗部可能进行的侧向机动距离为 + / - 1 100—
1 500 千米，因此每个自主作战舱可在极短的时间内使用自身搭载的
20 个机动战斗部攻击 3 000 千米宽度范围内的一切地面有生目标。

　　C.亚历山大罗夫的文章中这样描述作战轨道站的应用方式［出自
《已变成盾牌的剑》（«Меч，ставший щитом»，"Техника-молодежи"，
N4'98）］：

　　　　核心舱与"和平"号一样，旁边的那些舱室也是如此（这

已不是什么秘密，在"和平"号的"光谱"舱上就曾打算进行
探测火箭发射的光学系统试验……而"晶体"舱上带有电视摄
像机和相机的稳定平台，为什么不能作为瞄准器呢?)，只不过
作战指挥综合系统舱室替代了天体物理"量子"舱室。在过渡
舱的"球形"下多出了一个对接舱，用于接纳4个带有战斗部
的舱（以"暴风雪"航天飞机的机体为蓝本）。这是"出发
状态"。

接到警报后，它们将分离并分散在工作轨道上，工作轨道的
选取基于这样的打算——当控制中心掠过目标头顶的那一刻，每
个战斗部就可以向自己的目标发起攻击。

"暴风雪"航天飞机的机体在这一方案中遵照"不让好事落
空"的原则来使用：联合动力装置的大载"油"量、出色的控制
系统使得它可以主动进行轨道机动。在这样的条件下，装载于
"集装箱"中的有效载荷——战斗部，可以规避开那些"好奇的
眼光"，以及那些太空飞行中的"轻率因素"。

那么它的战略威慑意义又是什么呢——这样的武器系统可
以进行定向的"外科手术"式打击，哪怕是其他的一切都已经
被毁灭了。它就和核潜艇一样，能够挺到（对方）第一轮齐射
结束。

在研制"暴风雪"航天飞机时，也曾计划直接在上面运用的机动
战斗部，而不仅仅是把战斗部配置在自主作战舱上，采取的是同样的
方式：在有效载荷隔舱内安装旋转弹射装置。不过这种"暴风雪"航
天飞机相对于自主作战舱会多出一个机械手，用于在命令撤销的情况
下回收已部署到舱外的机动战斗部，以便进行维护和再次使用。

"暴风雪"航天飞机作为天基对地攻击武器平台，还有两种搭载
方案。

Космическая станция для поражения
наземных целей

1. Транспортный корабль 7К-СМ
2. Командный модуль
3. Базовый блок станции
4. Целевой модуль станции
5. Боевой модуль

打击地面目标轨道站的结构

图注：1. 7К-СМ 运输飞船；2. 指挥舱；3. 轨道站核心舱；4. 轨
道站专用舱；5. 作战舱（以"暴风雪"航天飞机机身为蓝本）。

　　第一种使用 Р-36орб（也称 Р-36-О，ОР-36，8К69орб）远程导弹
的前端轨道部分（8Ф021 型）作为武器。这种武器由外壳、带控制系
统的仪器隔舱、制动发动机装置和一个 500 万吨当量的热核战斗部组
成。必须在150—180 千米高度的低轨道上投放，以保证自主惯性控
制系统（带有陀螺仪稳定平台）对于地面目标的准确性——圆周公算
偏差 1 100 米。这种武器单个重量为 1 700 千克，"暴风雪"航天飞机
一次发射可携带 15 枚，并能够替代差不多数量的 Р-36орб 导弹（苏

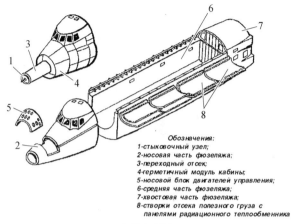

Обозначения:
1-стыковочный узел;
2-носовая часть фюзеляжа;
3-переходный отсек;
4-герметичный модуль кабины;
5-носовой блок двигателей управления;
6-средняя часть фюзеляжа;
7-хвостовая часть фюзеляжа;
8-створки отсека полезного груза с
панелями радиационного теплообменника

作战舱结构

图注：1——对接组件；2——机身前端；3——过渡舱；4——驾驶舱
密封模块；5——（姿态）控制发动机的前端组件；6——机身中部；
7——机身尾部；8——带有辐射换热器护板的有效载荷隔舱舱门。

联仅组建过一个 Р-36орб 导弹大队，从 1969 年 8 月 25 日开始战备值
班，直到按照《第二阶段削减战略武器条约》裁撤，共部署了 18 个
发射井）。

　　除了由 Р-36орб 导弹发展而来的武器，苏联方面还为"暴风雪"
航天飞机研制了专用的天基对地"流星"导弹（"Болид"，也可称为
"陨石"导弹）。"流星"导弹要么是由 3М-45（П-700）"花岗岩"反
舰导弹（可携带 50 万吨当量的 3М15 核弹头）发展而来，要么就是
以 3М-25"陨石"巡航导弹为蓝本。在大气层以内，处于 21 千米以
上高度时，它应该具有 800 千米的飞行距离。"流星"导弹是为实施
精确打击，摧毁有防护的目标（比如洲际导弹阵地的地下指挥所）而
研制的，其反混凝土（反掩体）战斗部在引爆前可以深入地下 30 米。
此外，为了隐藏"暴风雪"航天飞机所搭载武器的类型（核武器或是
常规武器），还制定了技术措施，防止敌方航天器和检查员进行探测
（比如利用放射性射线/电离辐射进行透视和监测）。

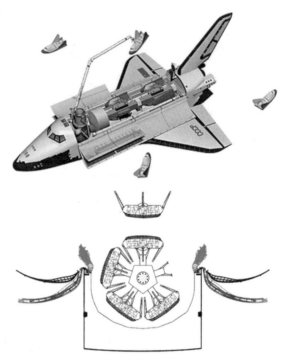

上图：回收机动战斗部的"暴风雪"航天飞机
下图：战斗部脱离作战舱（仅模拟了一个弹射装置的工作）

"花岗岩"反舰导弹

第二节 ТП-87，ЭП89 "壁炉"和 ТП-87，ЭП88 "蓝宝石"试验设计工作

作为对美国"星球大战"计划的非对称回应的一部分，苏联方面曾考虑利用"暴风雪"航天飞机实施近地空间布雷，以针对"星球大战"计划的太空环节建立不可逾越的帷幕。应对敌方航天器的这种主动手段被称为"壁炉"（Камин，由"太空地雷"的俄语 космическая мина 缩写而来）。"壁炉"既能够配备常规装药，又能够配备核装药。此外还为它构想了第三种特殊装药方案：苏联开展了地面试验性开发科研工作［由尼古拉·韦钦金（Николай Ветчинкин）领导，他的父亲即苏联著名气体动力学家 В. П. 韦钦金］，旨在制造出轨道高爆云（以高爆溶胶为基础），用于快速、彻底地"清洗"掉整个近地空间 3 000 千米高度范围内的航天器。当然，在采用了这种独特的手段后，近地空间将在数月内处在不可进入的状态，不过这种手段只会在美苏大规模军事冲突时（或是十分接近这种情况时）才考虑使用。

也有不那么"激进"的航天飞机军事应用计划。例如在 Д. И. 科兹洛夫（Д. И. Козлов）领导下，古比雪夫中央专业化设计局曾研制过主要由"暴风雪"航天飞机运载上天的"蓝宝石"重型多光谱光电轨道侦察综合系统（在轨质量 24 吨），它的定期维护由航天员在考察任务期间执行。

"蓝宝石"综合系统的基础是一个主镜直径为 3 米的光学望远镜。望远镜的开发工作已推进到了制造第一个飞行用样品的阶段。按照主镜的制造工艺，玻璃毛坯应在熔炉中慢慢冷却数年，但在这一冷却过程中苏联解体，"暴风雪"航天飞机项目也被冻结，使得"蓝宝石"系统变得不再必要，在航天飞机项目前景不明朗的情况下，"质子"火箭的运载能力显然不足。

　　不管如何，或许是意外或许是必然，在苏联已解体之后，工艺过程在毛坯冷却一年半后被破坏，毛坯出现了裂痕。而俄罗斯的3米镜片光学望远镜，至今也没能出现在太空中。

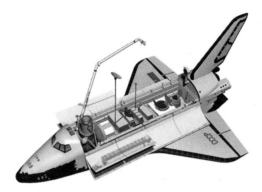

该图展示的是"蓝宝石"系统可能的一种外形，以及它在"暴风雪"航天飞机有效载荷舱中的放置方式

第六章　Экспл86 试验设计工作："和平"号轨道站

1976 年，"能源"科研生产联合体提出了建造 ДОС-7、ДОС-8 改进型长期轨道站（即后来的 12701 舱、12801 舱）的技术建议。在技术建议书中，轨道站的系统有了实质性更新，如采用站载数字式计算综合设备基础上的控制系统，过渡舱上具有 2 个侧面对接件用于连接"联盟"火箭携带而来的科研舱，等等。通用机械制造部科学技术委员会对这一技术建议进行了考评，认为新轨道站方案具有创新性，但同时提出了针对侧面对接件的不同意见。之后，"能源"科研生产联合体继续进行新轨道站的相关工作，并在 1978 年 8 月出具了初步方案。初步方案中的新轨道站继承了来自"礼炮"号的系统，但同时规划了 4 个侧面对接件，用于连接"联盟"火箭基础上的其他舱体。1979 年 2 月，关于开展新一代轨道站建设工作的决议被通过，确定了以"能源"科研生产联合体为牵头单位，20 个部门 100 多个企业参与的协作原则，涉及基础舱、站载设备、科研设备和地面设备设计制造的各个方面，并要求在相当短的时期内完成配套产品的设计、加工与交货。

起初，基础舱设计文件的编制工作，除开借用自"礼炮"设计局的现成密封舱文件，本打算交由"能源"科研生产联合体的第 2 设计部门来完成。然而 1979 年年底，由于课题单位负担过重，"能源"科研生产联合体内部出现了意外的复杂情况，企业结构改革背景下运作的那些设计单位，如研制"礼炮-7"号轨道站系列专用舱的单位、准备轨道站本身的单位、改进"联盟-T"载人飞船的单位、准备"进

步”货运飞船的单位以及实施“能源”运载火箭工作的单位，首先受
到了影响。于是和以前轨道站设计时一样，关于吸纳“礼炮”设计局
以进行“和平”号基础舱设计文件出版工作的问题被提出，最后这项
建议被采纳。

在工作过程中，轨道站方案不断地明确起来。采取了旨在扩大轨
道站应用范围和简化部分协作难题的新办法。“氩-20”（Аргон-20）
站载数字式计算机换为了“氩-16”（Аргон-16）和“礼炮-5Б”
（Салют-5Б）基础上的双机式站载数字计算综合设备。轨道站系统获
得了改进：站载数字式计算机基础上的控制系统大大地扩展了轨道站
的能力，并且允许从地面进行重新编程；新的“航向”（Курс）接近
系统不要求轨道站在被接近时进行转向；供电系统具有了实质性的增
大功率，且实现了窄波长范围电压等级调节；新安装的“空气”
（Воздух）二氧化碳气体吸收再生系统和用于供氧的“电子”
（Электрон）电解水系统，取代了笨重的大气空气再生器；站载设备
的控制系统使用了数字式计算机外加现代化的控制算法。采用了带有
强方向性天线的“天蝎座 α”（Антарес）无线电系统，以通过卫星-中
继站进行通信。

“能源”科研生产联合体和“礼炮”设计局内的工作继续进行。
尽管方案发生了不小变动，在 1982 年至 1983 年，“能源”科研生产
联合体与“礼炮”设计局联合出具的“和平”号基础舱设计文件还是
按时地移交给了赫鲁尼切夫机械制造厂和电机制造厂。

不过在 1984 年初，科学技术委员会内的情况出现了反复，这使
得轨道站项目的工作实际陷入了停顿，当时通用机械制造部的全部资
源都投入在了“暴风雪”航天飞机项目上。但事情在同年春天又突然
反转，В. П. 格卢什科（В. П. Глушко，“能源”科研生产联合体总
师、总设计师委员会主席）与 Ю. П. 西蒙诺夫（Ю. П. Семенов，“能
源”科研生产联合体副总师、宇宙飞船及轨道站总设计师）在某天清

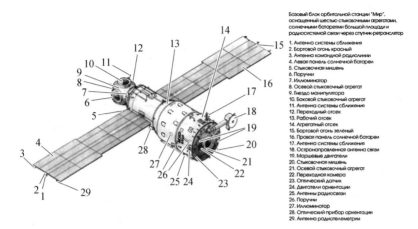

Базовый блок орбитальной станции "Мир",
оснащённый шестью стыковочными агрегатами,
солнечными батареями большой площади и
радиосистемой связи через спутник-ретранслятор

1. Антенна системы сближения
2. Бортовой огонь красный
3. Антенна командной радиолинии
4. Левая панель солнечной батареи
5. Стыковочная мишень
6. Поручни
7. Иллюминатор
8. Осевой стыковочный агрегат
9. Гнездо манипулятора
10. Боковой стыковочный агрегат
11. Антенна системы сближения
12. Переходный отсек
13. Рабочий отсек
14. Агрегатный отсек
15. Бортовой огонь зелёный
16. Правая панель солнечной батареи
17. Антенна системы сближения
18. Остронаправленная антенна связи
19. Маршевые двигатели
20. Стыковочная мишень
21. Осевой стыковочный агрегат
22. Переходная камера
23. Оптический датчик
24. Двигатели ориентации
25. Антенны радиосвязи
26. Поручни
27. Иллюминатор
28. Оптический прибор ориентации
29. Антенна радиотелеметрии

安装有卫星-中继站通信天线系统、大面积太阳能电池和 6 个对接件的“和平”号轨道站基础舱

图注：1. 接近系统天线；2. 红色侧舷灯；3. 指挥（操纵）无线电线路天线；4. 左侧太阳能电池板；5. 对接标靶；6. 扶手；7. 舷窗；8. 轴向对接件；9. 机械臂槽；10. 侧面对接件；11. 接近系统天线；12. 过渡舱；13. 工作舱；14. 设备舱；15. 绿色侧舷灯；16. 右侧太阳能电池板；17. 接近系统天线；18. 强方向性通信天线；19. 机动发动机；20. 对接靶标；21. 轴向对接件；22. 过渡室；23. 光学传感器；24. 定向发动机；25. 无线电通信天线；26. 扶手；27. 舷窗；28. 光学定向仪器；29. 无线电遥测天线。

晨收到通知，前往苏共中央书记 Г. В. 罗曼诺夫（Г. В. Романов）处，接到了要尽快在苏共二十七大前完成轨道站工作的任务。

于是，正式产品的准备工作在“能源”生产联合体和“礼炮”设计局内同时展开。这一过程中，“能源”科研生产联合体决定利用 37КЭ 舱体的结构衍生出系列舱体（37КЭ 舱体原计划与“礼炮-7”号轨道站对接），并计划使用“质子”火箭发射入轨，即：37КД 补充装备舱方案、37КТ 工艺领域科研舱方案、37КП 地球资源研究与军事应用任务舱方案及 37КГ 货物舱方案。然而就“质子”火箭的运载能力和有效载荷量而言，这些舱体的效用性总体来说并不是太高：舱体入轨需要使用质量在 10 吨左右的功能货运组件（助推舱体入轨的飞船）来保障，而就算采用另一种方式，即在舱体设备舱室基础上制造

120 太 空 铸 盾

输送舱室（使舱体能够独立机动入轨），新增质量也会达到 5 吨左右。

"能源"科研生产联合体将上述方案提交给了通用机械制造部，而"礼炮"设计局则提出了另一种意见：使用 ТКС 飞船作为科研舱体。按照"能源"科研生产联合体领导层（В. П. 格卢什科、Ю. П. 西蒙诺夫）的看法，该提议是不恰当的，因为 ТКС 飞船结构复杂，制造费力。对于这些 ТКС 舱体能否在轨道站按计划发射前就制造完毕的巨大疑问出现了。后来的事实证明，它们不仅没能赶上轨道站的头一年飞行期（即原计划），它们的制造周期还延长了多年 [这 4 个舱体中的第 3 个即"光谱"（Спектр）舱，在"和平"号飞行的第九年才发射升空]。这使得轨道站能力的完全发挥受到了限制。

通用机械制造部科学技术委员会出于利用"钻石"（Алмаз）轨道站现成半制品的考虑，支持了"礼炮"设计局的提议，从而启动了科研舱的相关工作。"和平"号轨道站项目引入了新的舱体方案，即：77КСД 补充装备舱、77КСТ 技术操作舱、用于执行"南极座"（Октант）计划即出于国防目的研究地球表面光谱特性的 77КСО 舱，及 77КСИ 地球资源科研舱。这些舱体之后被分别命名为"量子-2"舱（Квант-2）、"晶体"舱（Кристалл）、"光谱"舱（Спектр）和"自然"舱（Природа）。37КЭ 舱体在"和平"号轨道站项目中的作用被重新定义，并在后来成为新轨道站的首个科研舱体 [即"量子"（Квант）舱]。不过所有人的主要精力仍集中在基础舱的准备工作上。

为了有效地解决轨道站项目中出现的问题，组建了跨部门工作组，每月不少于两次对配套零部件的及时交付保障情况进行研究分析；同时还成立了工作-技术管理机构，每周制定和做出技术决策。在上述措施的推动下，1984 年已经完成了用于统计测试的模型样机，在这些统计测试结束后，它的外壳又被用来制造了另外两个试验用模型样机。1984 年 8 月，安装有各系统外形尺寸-质量模型的全尺寸产品被制造出来，并被移交给中央机器制造科学研究所（ЦНИИМАШ）进行动态试验。

不过在出具站载电缆网的设计文件时，项目遭遇了严重问题：电缆的质量相较于原先方案文件中的设想，超出了近 1 吨。因此不得不在产品已经进入组装阶段后又采取调整措施，这实际上加大了工作的复杂程度。由于未能及时发现问题，第 171 设计室主任 Л. Г.戈尔什科夫（Л. Г. Горшков）被暂时解除了职务。为了恢复舱体的质量平衡，采取了拆除部分设备的基本办法，这些设备在后来通过货运飞船才运输至轨道站。

与"礼炮-5Б"（Салют-5Б）数字式计算机相配套的控制系统软件的延迟，使得轨道站工作的难度也大为增加。最后采取的解决办法是：在轨道站飞行的初期先使用"氩"（Аргон）站载数字式计算机来控制回路，之后再在飞行过程中根据软件的开发程度向轨道站运送"礼炮-5Б"（Салют-5Б）数字式计算机。

1985 年 12 月，装配了用于进行基础舱站载系统优化和电气试验的综合模拟器（试验台-样机），并移交给电机厂替换旧设备。此前该综合模拟器（试验台-样机）于 1985 年 3 月在地面试验设备安装调试后启动（这也是首次采用这类设备），它是按照正式图纸实现的全尺寸产品，在其之上完成了对系统图全部错误的发现和纠正。

"和平"号轨道站的正式部件组装完毕后，于 1985 年 4 月直接运往拜科努尔试验场地，在历史上首次省略了航天器在电机厂检查-试验站上的查验过程。这个大胆创新的行为能够出现，得益于"能源"科研生产联合体综合模拟器（试验台-样机）相关工作、轨道站试验场地技术工作，以及莫斯科与拜科努尔之间协调联络工作的良好组织。

"和平"号轨道站的基础舱于 1985 年 5 月 6 日运达试验场，但由于装配-试验大楼尚未准备就绪（尘埃量超出允许范围），与之相关的工作直到 5 月 12 日才开始实施。在地面试验设备准备完毕，气压试验室内的真空试验结束后，舱体于 1985 年 5 月 26 日被放置上了装配台。

为了对照综合模拟器（试验台-样机）站载系统电气试验的结果及时进行正式产品的补充加工，组织了定期联络工作。最开始通过联络员，后来又通过传真电报传输修改文件［这些文件根据综合模拟器（试验台-样机）和正式产品上的调查意见形成］。补充加工工作的巨大工作量主要体现在站载电缆网部分：在试验场上的整个产品整备期内，总共对 2 500 条电缆中的 1 100 多条进行了补充加工。

轨道站上首次配备了能通过"天鹰座 α"（Альтаир）卫星中继站进行通信的系统。为了检测该系统通道，轨道站从装配-试验大楼中直接被运到路面上，并将强方向性天线面向卫星测试了所有通信模式。后来这一方法也被运用到"暴风雪"航天飞机项目中，以测试类似的通信系统（当时拜科努尔的试验场地上也同时进行着"暴风雪"航天飞机的准备工作）。

"量子"（Квант）舱技术模型样机。作者 2016 年摄于莫斯科附近的加加林宇航员训练基地。

"和平"号轨道站技术模型样机。作者 2016 年摄于莫斯科附近的加加林宇航员训练基地。

　　"和平号"轨道站基础舱原计划 1986 年 2 月 16 日发射，但这次发射未能实施。在"上升接触"指令前数秒钟，由于出现遥测信息接收不稳定（主要传感器失效），总设计师 Ю. П.西蒙诺夫停止了发射。在发射出现异常的情况下，专家们注意到低温下的强风，拼尽全力以最快速度调整端部舱体的恒温控制，维持住了生命保障设备的运作能力。四天之后，也就是 1986 年 2 月 20 日，"和平号"轨道站基础舱进行了第二次发射，成功升空。

1990 年时，对接了"量子-1"号舱（Квант-1）、"量子-2"号舱（Квант-2）和"晶体"舱（Кристалл）的"和平"号轨道站。桁架上飘扬着苏联国旗。

第七章　ЭП-87"臭氧" 试验设计工作：轨道组装运行中心

20世纪80年代中期，"能源"火箭项目的推进使苏联开始谋求在航天领域的更大发展，特别是加强自身在空间轨道上的存在：新火箭与"暴风雪"航天飞机一起，让更巨大的轨道站的建造不再是空谈。

不同于以往"质子"火箭将舱体质量限制在20吨左右，新的"能源"火箭能够将80吨的有效载荷送入轨道，苏联航天计划的限制就此解除了。自1981年开始，"能源"科研生产联合体提出了多个以"能源"火箭为基础的轨道站方案，全都统称为"和平-2"。尽管后来这些方案大部分都成为消失的秘密，但还是有部分图纸逃脱了种种限制，让我们今天得以知晓那些巨大轨道站的样貌。

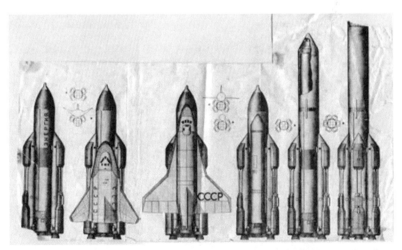

流出图纸："能源-暴风雪"系统的不同方案

第一节　"和平-2"轨道站大型方案

首个方案中，"和平-2"号被称为轨道组装运行中心（ОСЭЦ），至少包含 4 个由"礼炮"设计局设计出的 75 吨重基础舱，它们最开始是为了"赛艇"激光站而研制，其上运用了 TKC 宇宙飞船（用于"钻石"轨道站项目）和 77KC 舱体（用于"和平"号项目）的技术。方案中显而易见的是，"和平-2"号将会得到长期发展，并会按步骤演化为更加巨大的轨道站。

"和平-2"号轨道站的建设，应始于这 4 个舱体中的某一个。基础舱在轨道上展开后具有 330 立方米容积和 4 个匀称的太阳能电池板，功率达到 35 千瓦。舱体上设计有 8 个耦合对接舱口（异体同构周边式对接装置），用于对接"暴风雪"航天飞机或是与轨道站的其他组件相连接。从这一"原点"开始，将逐步进行基础舱外部建设、专用舱扩充，以及太阳能电池和 8 个太阳能燃气涡轮装置反射镜安装。

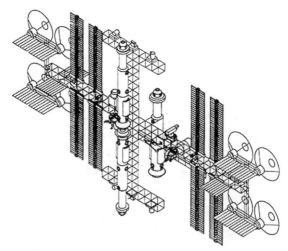

"和平-2"号的首个桁架方案，其基础舱由"赛艇"激光站舱体衍生而来

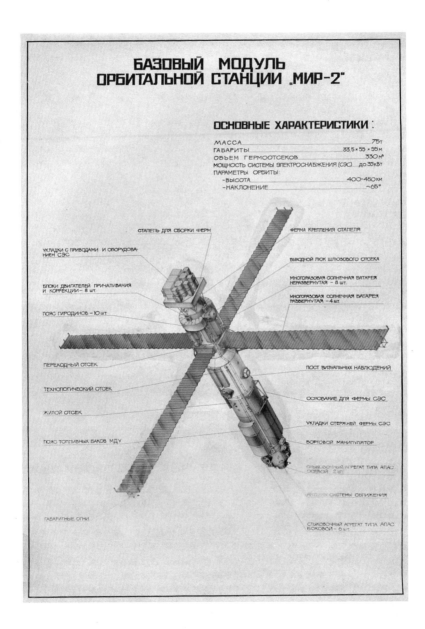

БАЗОВЫЙ МОДУЛЬ
ОРБИТАЛЬНОЙ СТАНЦИИ „МИР-2"

ОСНОВНЫЕ ХАРАКТЕРИСТИКИ:

МАССА — 75т
ГАБАРИТЫ — 33,5 × 55 × 55м
ОБЪЕМ ГЕРМООТСЕКОВ — 330 м³
МОЩНОСТЬ СИСТЕМЫ ЭЛЕКТРОСНАБЖЕНИЯ (СЭС) — до 30кВт
ПАРАМЕТРЫ ОРБИТЫ:
–ВЫСОТА — 400-450км
–НАКЛОНЕНИЕ — ~65°

СТАПЕЛЬ ДЛЯ СБОРКИ ФЕРМ

УКЛАДКИ С ПРИВОДАМИ И ОБОРУДОВА-НИЕМ СЭС

БЛОКИ ДВИГАТЕЛЕЙ ПРИЧАЛИВАНИЯ И КОРРЕКЦИИ– 8 шт.

ПОЯС ГИРОДИНОВ – 10 шт.

ПЕРЕХОДНЫЙ ОТСЕК

ТЕХНОЛОГИЧЕСКИЙ ОТСЕК

ЖИЛОЙ ОТСЕК

ПОЯС ТОПЛИВНЫХ БАКОВ МДУ

ГАБАРИТНЫЕ ОГНИ

ФЕРМА КРЕПЛЕНИЯ СТАПЕЛЯ

ВЫХОДНОЙ ЛЮК ШЛЮЗОВОГО ОТСЕКА

МНОГОРАЗОВАЯ СОЛНЕЧНАЯ БАТАРЕЯ НЕРАЗВЕРНУТАЯ – 8 шт.

МНОГОРАЗОВАЯ СОЛНЕЧНАЯ БАТАРЕЯ РАЗВЕРНУТАЯ – 4 шт.

ПОСТ ВИЗУАЛЬНЫХ НАБЛЮДЕНИЙ

ОСНОВАНИЕ ДЛЯ ФЕРМЫ СЭС

УКЛАДКИ СТЕРЖНЕЙ ФЕРМЫ СЭС

БОРТОВОЙ МАНИПУЛЯТОР

СТЫКОВОЧНЫЙ АГРЕГАТ ТИПА АПАС ОСЕВОЙ 2 шт.

АНТЕННА СИСТЕМЫ СБЛИЖЕНИЯ

СТЫКОВОЧНЫЙ АГРЕГАТ ТИПА АПАС БОКОВОЙ – 8 шт.

展开后的"和平-2"号基础舱，它利用了"礼炮"设计局77KC舱体的技术

主要数据：质量——75吨；外形尺寸——33.5×55×55米；密封舱容积——330立方米；供电系统功率——达到35千瓦；运行轨道高低——400至450千米；倾角——65度。

图注（顺时针序）：外形辨认灯；推进发动机装置燃料罐区域；居住舱室；工艺舱室；控制力矩陀螺区域——舱体上共有10个控制力矩陀螺；系留校正发动机组件——舱体上共有8个；带有供电系统设备及驱动装置的箱体；桁架组装台；组装台加固架；气闸舱出舱口；未展开的多次使用太阳能电池——共有8个；已展开的多次使用太阳能电池——共有4个；目视观察工位；供电系统桁架基座；供电系统桁架杆件箱；站载机械臂；轴向耦合对接装置（异体同构周边对接装置）2个；接近系统天线；侧面耦合对接装置（异体同构周边对接装置）6个。

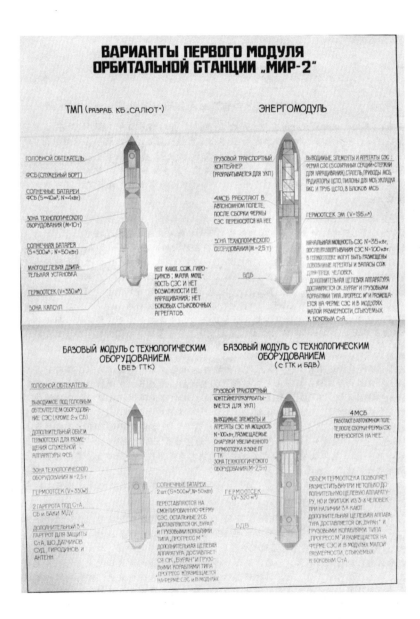

"和平-2"号轨道站的首舱方案图

左上："礼炮"设计局设计的重型生产舱（ТМП）。其结构图注为（依顺时针序）：密封容器区域；密封舱（容积300立方米）；多用途发动机装置；太阳能电池（面积500平方米，功率50千瓦）；工艺设备区域（设备质量10吨）；功能-服务舱室的太阳能电池（面积40平方米，功率4千瓦）；功能-服务舱室（服务侧舱）；头部整流罩；该舱体没有休息室、生命保障系统、控制力矩陀螺，供电系统功率小且无法扩充，没有侧面对接装置。

右上：动力舱（Энергомодуль）。其结构图注为（依顺时针序）：缓冲箱；工艺设备区域（设备质量2.5吨）；4个多用途太阳能电池——首先将在自动飞行过程中工作，之后再转移到组装完毕的供电系统桁架上；载荷运输容器（为通用航天平台研制）；供电系统组件及设备——供电系统桁架（5个组装段＋扩充杆件）、组装台、多用途太阳能电池驱动装置、集中散热系统散热器、多用途太阳能电池定位销（挂架）；系统控制部件和集中散热系统管道装箱；8个多用途太阳能电池组件；动力舱密封室（容积195立方米）；供电系统初始功率35千瓦，（桁架）展开后供电系统功率100千瓦。密封舱内可放置运送来的生命保障系统设备及其储备品，满足3名乘员需要。补充的专用设备由"暴风雪"航天飞机、"进步-М"货运飞船送达，放置在供电系统桁架上和小尺寸舱体中（这些小尺寸舱体将通过侧面对接装置连接）。

左下：不带载荷运输容器（ГТК）的工艺设备基础舱。其结构图注为（依顺时针序）：第3补充纵向整流罩，用于保护对接装置、气闸舱、传感器、发动机操纵系统、控制力矩陀螺及天线；用于对接装置、太阳能电池、纵向整流罩、推进发动机装置燃料罐的2个纵向整流罩；密封舱（体积330立方米）；工艺设备区域，设备质量2.5吨；密封舱的补充容积，用于放置功能-服务舱室的设备；头部整流罩之下的供电系统（不含2个太阳能电池）；头部整流罩；2个纵向整流罩下的太阳能电池（面积500平方米，功率50千瓦，数量2个）将在安装好的供电系统桁架上重新布置。其余的2个太阳能电池将使用"暴风雪"航天飞机、"进步-М"货运飞船送达。补充的专用设备也由"暴风雪"航天飞机、"进步-М"货运飞船送达，并布置在供电系统桁架上和舱体内。

右下：带载荷运输容器（ГТК）和缓冲箱（БДВ）的工艺设备基础舱。其结构图注为（依顺时针序）：缓冲箱；密封舱（容积320立方米）；工艺设备区域（设备质量2.5吨）；功率为100千瓦的供电系统组件设备，放置在加大密封舱外，位于运输容器有效载荷区内；载荷运输容器（为通用航天平台研制）；4个多用途太阳能电池——首先在自动飞行过程中工作，之后再转移到组装完毕的供电系统桁架上；密封舱容积不仅允许在内放置补充的专用设备，还允许为3人构成的乘员组配备3间休息室。补充的专用设备由"暴风雪"航天飞机、"进步-М"货运飞船送达，放置在供电系统桁架上和小尺寸舱体中（这些小尺寸舱体将通过侧面对接装置连接）。

1984 年，"能源"科研生产联合体开始轨道组装运行中心的初步设计工作。这项工作是对美国 1981 年开始的大型轨道站项目，也就是后来的"自由"号项目的针对性回应。此时轨道组装运行中心的规划功能是组装和拆卸大口径结构体，维护卫星系统，包括它们的修理工作。运行中心上会配备分支（附属）轨道设施，如燃料补充站、维修"船台"，以及运送太空设备和卫星至运行中心的牵引飞船等。轨道组装运行中心项目的实施，计划从发射 17KC 12801 号居住舱开始，其余主要部件则在之后使用"能源"运载火箭送入太空。

1985 年至 1986 年，"和平-2"号的设计经历了演变：明确了其任务，同时改变了对它的部分构想。首先一个相对谨慎的极地太阳同步轨道方案，即 1985 年 ГК-МК3806с 常设轨道站方案被推出：由 11К25Т 火箭（即"能源-Т"火箭，"能源"系列中的货运加强版）发射 1 个直径 7.7 米、质量 84 吨的基础舱入轨。轨道站的轨道倾角将呈 97 度，以实现在观察范围上对地球表面的全覆盖。在轨道站运作的第一阶段，功率达到 50 千瓦的 4 个太阳能电池能够保证站上常驻 6 人，并且每位乘员都配有独立房间，当有临时需要时，站上的乘员组人数最大可达到 10 名。轨道站的人员与货物输送，将使用 14Ф70 "曙光"飞船替代"联盟"系列执行，但有必要时，也会动用"暴风雪"航天飞机进行补给或增加舱体。轨道站在第一阶段会配备 8 个专用舱体，它们均由"进步-М2"飞船改造而来，使用"质子"或"天顶-2"火箭发射。所有的专用舱体都按照定期原则进行更换，以为轨道站的进一步扩充预留出冗余。

次年 12 月，"能源"科研生产联合体又详细拟定出了"和平-2"轨道站的 180ГК 技术建议书，根据该建议书，"和平-2"号将成为建造轨道组装运行中心的第一步。此时方案中的轨道站主要数据已变为：质量——123 吨，轨道高度——400 至 450 千米，密封舱规模——360 立方米，供电系统功率——100 千瓦，拟定乘员数——3 至 6 人。

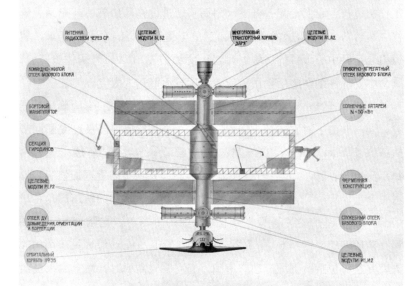

ПОСТОЯННАЯ ОРБИТАЛЬНАЯ СТАНЦИЯ „МИР-2"
ИСХОДНЫЙ ВАРИАНТ (ИД ГК – МК 3806с ОТ 11.07.85)

ОСНОВНЫЕ ХАРАКТЕРИСТИКИ
(ПРЕДЛОЖЕННЫЕ В ИД)

1 СТАРТОВАЯ МАССА БАЗОВОГО БЛОКА	84 т
2 ПАРАМЕТРЫ РАБОЧЕЙ ОРБИТЫ	
– ТИП СОЛНЕЧНО - СИНХРОННАЯ	
– ВЫСОТА	400 КМ
– НАКЛОНЕНИЕ	97°
3 ОСНОВНАЯ ЧАСТЬ БАЗОВОГО БЛОКА НА БАЗЕ БЛОКА „Ц" С ДИАМЕТРОМ (~7,6 М)	7,7 М
4 КОЛИЧЕСТВО ИНДИВИДУАЛЬНЫХ КАЮТ ДЛЯ ЭКИПАЖА	6
5 МАКСИМАЛЬНОЕ ЧИСЛО ЧЛЕНОВ ЭКИПАЖА	до 10
6 МОЩНОСТЬ СОЛНЕЧНЫХ БАТАРЕЙ НА АРСЕНИДЕ ГАЛЛИЯ	50 КВТ
7 РАДИОСВЯЗЬ С ЗЕМЛЕЙ ЧЕРЕЗ СПУТНИК - РЕТРАНСЛЯТОР	
8 ТОЧНАЯ СТАБИЛИЗАЦИЯ В ВЫБРАННОЙ СИСТЕМЕ КООРДИНАТ С ПОМОЩЬЮ ГИРОДИНОВ	
9 БИОТЕХНИЧЕСКИЕ СИСТЕМЫ В СОСТАВЕ КОМПЛЕКСА СОЖ НА ЦЕЛЕВЫХ МОДУЛЯХ	
10 КОЛИЧЕСТВО СТЫКОВОЧНЫХ АГРЕГАТОВ	10
11 КОЛИЧЕСТВО ЦЕЛЕВЫХ МОДУЛЕЙ	8
12 СРЕДСТВО ВЫВЕДЕНИЯ НА ОРБИТУ ЦЕЛЕВЫХ МОДУЛЕЙ (РН 8К82 К ?)	РН 11К77
13 ПИЛОТИРУЕМЫЙ ТРАНСПОРТНЫЙ КОРАБЛЬ ДЛЯ ДОСТАВКИ ЭКИПАЖА И ГРУЗОВ	МТК „ЗАРЯ"
14 СРЕДСТВО ВЫВЕДЕНИЯ НА ОРБИТУ МТК „ЗАРЯ"	РН 11К77
15 СРЕДСТВО ВЫВЕДЕНИЯ НА ИСХОДНУЮ ОРБИТУ БАЗОВОГО БЛОКА СТАНЦИИ	МКС 11К25Т
16 ПИЛОТИРУЕМЫЙ КОРАБЛЬ ЭКСПЕДИЦИИ ПОСЕЩЕНИЯ	ОК. 11Ф35

"能源" 科研生产联合体 1985 年 7 月 11 日提出的 "和平-2" 号极地太阳同步轨道方案（ГК-МК3806c 初始方案）

图注（顺时针序）：11Ф35 "暴风雪" 航天飞机；引导、姿态定向、校正动力发动机装置舱室；Р1、Р2 专用舱；控制力矩陀螺舱；站载机械臂；基础舱的指挥-居住舱室；Б1、Б2 专用舱；"曙光" 多次使用运输飞船；А1、А2 专用舱；基础舱的仪器-设备舱室；功率 50 千瓦的太阳能电池；桁架结构物；基础舱的服务舱室；И1、И2 专用舱。

主要数据：

1. 基础舱发射质量——84 吨；

2. 工作轨道参数——采用太阳同步轨道，高度 400 千米，倾角 97 度；

3. 在 "Ц" 舱室（直径约 7.6 米）基础上的基础舱主要部分，直径 7.7 米；

4. 为乘员组准备的独立休息室数量——6 个；

5. 乘员组人员最大数——6 名；

6. 砷化镓太阳能电池功率——达到 50 千瓦；

7. 与地面的无线联络通过卫星中继站；

8. 在选定坐标系中的精确稳定将借助控制力矩陀螺实现；

9. 生命活动保障系统综合体中的生物技术系统在专用舱体上；

10. 对接装置数量——10 个；

11. 专用舱体数量——8 个；

12. 专用舱体发射入轨载具（8К82К "质子" 运载火箭？）——11К77 "天顶-2" 运载火箭；

13. 运输人员与货物的载人飞船——"曙光" 多次使用运输飞船；

14. "曙光" 多次使用运输飞船的发射入轨载具——11К77 "天顶-2" 运载火箭；

15. 发射空间站基础舱进入初始轨道的载具——11К25Т "能源-Т" 火箭；

16. 访问考察载人飞船——11Ф35 "暴风雪" 航天飞机。

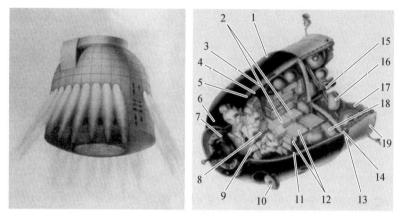

计划取代"联盟"系列的 **14Φ70"曙光"宇宙飞船**。它可多次使用并借助火箭装置实现着陆，入轨则使用"天顶-2"火箭发射。图注略。

　　180ΓK 方案在概念上与 80 年代初设想的那个轨道组装运行中心有相似之处，只不过 3 个包含舱体在内的 ΓΤΑ-C 货物运输补给航天器取代了原先的"极地"号激光站衍生舱。新设计的 ΓΤΑ-C 货物运输补给航天器使用 14A10 运载火箭发射，它是"能源"火箭多个设计中一个带有 14C70 载荷容器、ДМ 跨轨道助推组件（原 H-1 火箭的第五助推级发展而来）的版本，通过 ДМ 组件可以将重型有效载荷送入工作轨道。在这一方案中，"能源"科研生产联合体保留了"礼炮"设计局设计的 77KC 舱体作为轨道站第一舱，以保证轨道站项目的顺利推进。

　　按照 180ΓK 方案的工作进度表，轨道站的建设应始于 1993 年 8 月，首先使用 8K82K"质子-K"运载火箭将 17KC 12801 号居住舱送入轨道，倾角呈 65 度。之后于 1993 年 10 月，使用 14A10 运载火箭将轨道站基础舱（作为质量 90 吨的 ΓΤΑ-C 1 号货物运输补给航天器的一部分）送入太空并与居住舱对接，从而为"和平-2"轨道站工作的开展打下基础。

下一步，1994 年 6 月，应完成站载电站及轨道站自身第一阶段的建设工作，为此计划在"和平-2"号上部署由大型桁架和可转动太阳能电池组成的动力模块：1993 年 10 至 12 月——先于基础舱轴颈处展开太阳能电池；1994 年 1 至 3 月——迁移太阳能电池至已搭建的桁架之上；4 至 6 月——扩大太阳能电池面积并开始安装下桁架。

向轨道站输送各类有效载荷及人员的工作，仍计划使用 11Ф35 "暴风雪"航天飞机、11Ф615А75М"进步-М2"货运飞船及 14Ф70 "曙光"多次使用载人飞船来完成。按照估算，为保障"和平-2"号的补给和运作，每年需进行 3 次"曙光"飞船发射，3 次"进步-М2"货运飞船发射，及 2 次"暴风雪"航天飞机发射。

此外，作为备份方案，还研究了使用 11К77"天顶-2"火箭加改进型 11Ф732"联盟 Т"飞船，或 11А511У2"联盟 У2"火箭加基础型 11Ф732"联盟 Т"飞船的组合，来替代 14Ф70"曙光"飞船的可能性。

当第一阶段完成时，"和平-2"号将由 14Ф70"曙光"飞船加 17КС 12801 号居住舱加基础舱加 11Ф615А75М"进步-М2"货运飞船构成主体外形，其中 12801 号居住舱质量 19 吨，"曙光"飞船及"进步-М2"货运飞船各 14 吨，基础舱 76 吨，总计 123 吨。

1994 年下半年至 1997 年，作为第二阶段，将向"和平-2"号发射并对接技术操作舱（作为 ГТА-С 2 号货物运输补给航天器的组成部分）、专用服务设备舱（作为 ГТА-С 3 号货物运输补给航天器的组成部分）及生物工程舱（作为 ГТА-С 4 号货物运输补给航天器的组成部分）。并且除了 8 块大型太阳能电池外，还计划在主桁架上再安装 8 个太阳能燃气涡轮装置以及搭建科研设备平台（外形为环绕舱体的矩形桁架）。

1997 年至 2000 年，作为第三阶段，将在"和平-2"号基础上开始建造轨道组装运行中心，并且再向轨道站发射 4 个大型舱体（均作为 ГТА-С 货物运输补给航天器的一部分发射升空）：带辅助系统的主中央舱、带机动运输设备的大型舱、大型燃料补给舱以及技术维护修理大型舱。此外，轨道组装运行中心还计划配备维护设施（如维护用自动航天器、遥控机械臂、使用化学燃料和核燃料的牵引飞船、太阳能动力牵引飞船、燃料组分储存-加注设备等），部署机库 仓库和建造-安装综合体。为了便于乘员进行舱外移动，在执行航天器修理检修任务时，也打算使用带有太空机动装置的新型航天服。

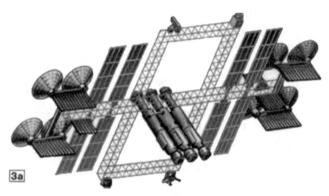

"能源"科研生产联合体 1986 年提出的"和平-2"方案

1987 年 12 月 14 日，"能源"科研生产联合体第一副总师及项目总师 Ю. П.西蒙诺夫（Ю. П. Семенов）批准了"和平-2"号初步方案；不过"能源"科研生产联合体在此之后并未就此止步，而是在轨道站构形上走出了更远，于是质量 500 吨、乘员 6 至 12 名的核动力轨道组装运行中心应运而生。它拥有 120×60×50 米的外形尺寸，由 80 至 90 吨级的中央舱（自然是使用"能源"火箭发射）、基础舱（17KC 12801 号舱体）、77KC 系扩充舱体、小型专用舱、宇宙飞船和无人飞行航天器（包括主动防御模块）组成，用于执行科研实验或军事性质的任务。轨道组装运行中心的补给和人员轮换任务，由"曙光"飞船、"暴风雪"航天飞机承担，它的供电系统在加装核反应堆的情况下，功率将大于 300 千瓦。

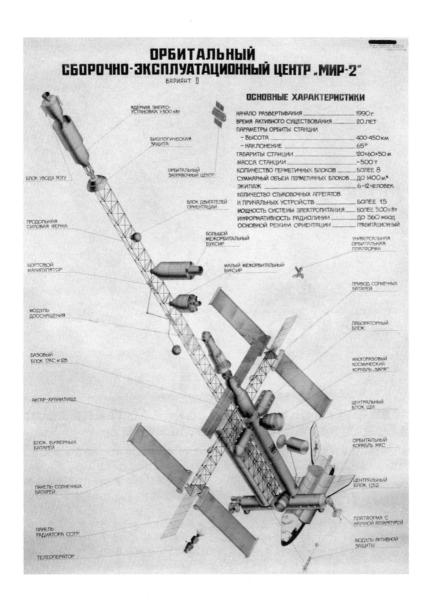

"能源"科研生产联合体提出的核动力轨道组装运行中心（图纸的标注显示此方案仅是 2 号方案，当然更多的军事方案我们也无从得知了）

主要数据：开展时间——1990 年；有效存在期限 20 年；轨道参数——高度 400 至 450 千米、倾角 65 度；尺寸 120×60×50 米；质量约 500 吨；密封舱数量多于 8 个；密封舱总规模达到 1 400 立方米；成员 6—12 人；对接装置及停泊装置数多于 15 个；供电系统功率大于 300 千瓦；无线电线路信息量达到 360 兆比特/秒；主要姿态定向模式-重力。

图注（分三列，均自上而下），左列：核能装置牵引组件；纵向承力桁架；站载机械臂；扩充舱体；17KC 128 号基础舱；机库-仓库；缓冲（浮充）电池组组件；太阳能电池板；散热器温度状况保障系统板；遥控机械手（电视摄像机）。中列：功率大于 300 千瓦的核能装置；生物保护装置；轨道补充（加油）中心；姿态定向发动机组件；大型轨道间牵引船；小型轨道间牵引船。右列：通用（多用途）轨道平台；太阳能电池驱动装置；实验室舱；"曙光"多次使用宇宙飞船；ЦБ1 中央舱；多次运输宇宙飞船——航天飞机；ЦБ2 中央舱；科研设备平台；主动防御模块。

除"曙光"飞船和"暴风雪"航天飞机两种运输工具外，"能源"科研生产联合体也顺势提出了发射质量为 13.6 吨的新型多次使用运输飞船（ММТК）方案。这种飞船将 11Ф615 А55"进步-М"货运飞船、77КС 舱体以及 19КА30"伽马"航天器（КА "Гамма"，由"能源"科研生产联合体设计，源于 Н-1 火箭对应的大轨道站计划）的部件相组合，使用新型的 217ГК 运载火箭发射（217ГК 即是原本打算替代"质子"火箭的"能源-М"火箭，属于"能源"系列火箭中的轻型版本）。

1989 年 12 月 25 日，苏联部长会议下属的国家委员会通过了关于开展"和平-2"号工作的第 419 号决议，从政治层面上为"和平-2"号方案赋予了现实性。同月，180ГК"和平-2"方案下的 12801 号舱体的最后加工工作启动，"能源"科研生产联合体提出了对原先规划的 6 个内部转换式被动对接装置（即"针-锥"对接系统的被动对接部件）的修改建议：其中 4 个被建议替换为直接转换式外围耦合对接装置（即异体同构周边式对接装置，2 个位于轴向上，2 个位于过渡舱的下方和上方），过渡舱侧面的 1 个（位于第四平面）计划换为安装太空行走用的 1 米直径舱口，剩下的最后 1 个侧面被动对接装置（位于第一平面）则计划改为焊接密封顶。

12801 号舱体的设备构成也出现了大变化：БР-9ЦУ-5 和 БИТС 2-3 无线电遥测系统被整合为了统一的 БИТС 2М 系统；"天蝎座 α"（Антарес）系统的仪器及其天线装置（包括强方向性天线）计划换为"量子 ОК"（Квант ОК）装置，以用于通过卫星中继站进行通信。

针对"航向"（Курс）接近-对接系统，实施了一系列的改进措施：过渡舱上的 ЗАО/ВКА、2АР-ВКА 天线换为了 АКР/ВКА 天线，并且安装了"航向"（Курс）系统的光学通道仪器；加装了用于与"暴风雪"航天飞机进行对接的 РУСЗ 和 МТС 型标靶，以及用于监控舱体与侧面组合件对接（需借助宇宙飞船的机械臂完成）的电视摄像

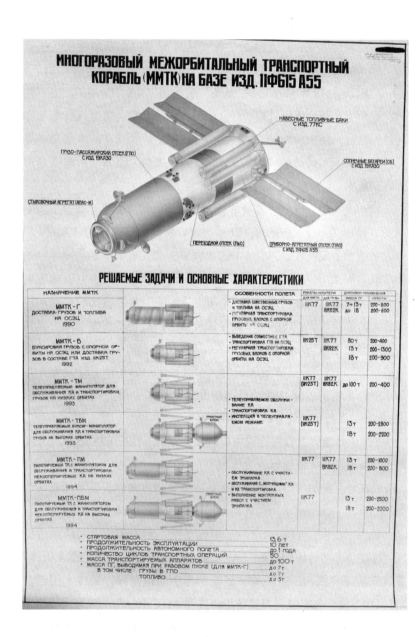

11Ф615 A55"进步-M"货运飞船和 77KC 舱体混合而来的新型多次使用跨轨道运输飞船（MMTK）

图注（顺时针序）：АПАС-M 外围耦合对接装置；源自 19KA30"伽马"航天器的货运-载人舱；源自 77KC 舱体的悬挂燃料罐；源自 19KA30"伽马"航天器的太阳能电池；源自 11Ф615 A55"进步-M"货运飞船的仪器-设备舱；过渡舱。

MMTK 飞船的任务及其基本性能（发展计划）

MMTK 型号名称	飞行特性	运载火箭		使用范围	
		用于 MMTK	用于载荷组件	有效载荷质量	轨道
MMTK-Г 向轨道组装运行中心输送货物燃料 1990 年	• 运输自身携带的载荷及燃料至轨道组装运行中心 • 从基准轨道定期运送载荷组件至轨道组装运行中心	11K77 "天顶-2" 火箭	11K77 "天顶-2" 火箭 8K82K "质子" 火箭	7+ 13 吨 达到 18 吨	200—800 千米 200—600 千米
MMTK-Б 从基准轨道牵引载荷至轨道组装运行中心或者作为 11K25T 火箭货物运输补给航天器（ГТА）的一部分输送载荷 1992 年	• 同货物运输补给航天器（ГТА）一起入轨 • 运送货物运输补给航天器（ГТА）至轨道组装运行中心 • 从基准轨道定期运送载荷组件至轨道组装运行中心	11K25T "能源-T" 火箭	11K77 "天顶-2" 火箭 8K82K "质子" 火箭	80 吨 13 吨 18 吨	200—400 千米 200—1 300 千米 200—900 千米
MMTK-ТМ 遥控机械臂维护航天器和在低轨道运输载荷 1993 年	• 遥控维护航天器 • 运输航天器 • 在遥控模式下检查	11K77 "天顶-2" 火箭 （11K25T "能源-T" 火箭）	11K77 "天顶-2" 火箭 8K82K "质子" 火箭	达到 100 吨 13 吨	200—400 千米 200—2 800 千米
MMTK-ТБМ（带有火箭舱） 遥控牵引机-机械臂维护航天器和在高轨道运输载荷 1993 年		11K77 "天顶-2" 火箭 （11K25T "能源-T" 火箭）		18 吨	200—2 200 千米

续表

MMTK 型号名称	飞行特性	运 载 火 箭		使 用 范 围	
		用于 MMTK	用于载荷组件	有效载荷质量	轨道
MMTK-ПМ 带有机械臂的载人运输飞船，用于在低轨道维护和运输未建立无线电通信联络的航天器 1994 年	·在乘员参与下进行航天器维护 ·维护"沉默"的航天器和它们的运输 ·在乘员参与下执行安装工作	11K77 "天顶-2" 火箭	11K77 "天顶-2" 火箭 8K82K "质子" 火箭	13 吨 18 吨	200—1 000 千米 200—800 千米
MMTK-ПБМ （带有火箭舱） 带有机械臂的载人运输飞船，用于在高轨道维护和运输未建立无线电通信联络的航天器 1994 年		11K77 "天顶-2" 火箭		13 吨 18 吨	200—2 500 千米 200—2 000 千米

主要数据：发射质量——13.6 吨；使用寿命——10 年；自主飞行续航能力——达到 1 年；运输任务周期数量——50；可运输设备质量——能达到 100 吨；单次发射携带的有效载荷量（MMTK-Г 型）——达到 7 吨（其中货运-载人舱室载荷量达到 7 吨，燃料 5 吨）。

机；完全撤除了旧式的"针"（Игла）接近对接系统，包括其仪器、馈线以及"氩 16М"（Аргон 16М）站载数字计算机。

站载设备控制系统的"冥王星"（Плутон）操纵台被换为了更加先进的"水星"（Меркурий）操纵台；КОХ-В内回路冷却设备、БКВ-2 及 БКВ-3 温度调节系统的设备改为了 2 套 СКВ-1 空调系统和附加换热器。

1990 年，涉及上述舱体技术改进的设计文件开始出版。不过官方层面确认"和平-2"居住舱的建造，要等到 1990 年 11 月 22 日苏联通用机械制造部正式下达第 178 号命令。

然而就和美国"自由"号的遭遇一样，不仅轨道组装运行中心最终没有实现，甚至连 1986 年方案的"和平-2"轨道站也未能成为现实。所构想的轨道站过于巨大，即便是苏联的财政也无法负担如此昂贵和繁重的项目。大型"和平-2"轨道站的"死亡"甚至早于苏联本身。在航天预算一减再减的情况下，到了 1991 年，已没有人再认真地提及要如何实现大号的"和平-2"了。

第二节　"和平"号的变身

1989 年年底，曾有一个关于如何使用 12801 舱体的平行方案。当时"和平"号轨道站的首批在轨舱体的理论设计寿命即将到期：每个舱体设计寿命 3 年，整个轨道站合计设计寿命为 5 年。不过由于当时"和平"号上才刚刚对接了首个专用舱"量子-2"号（Квант-2），因此决定是延长轨道站运行至 1994 年。在这种情况下，为了保障"和平"号的整体运作，曾考虑过使用 12801 号舱体去接替 12701 号舱体的可能性，这样一来"备用机"说不定就能够完成它的初始使命。再后来，这一方案被命名为"和平-1.5"号。

其实不令人意外的是，早在 180ГК 轨道站进行草案设计时，就

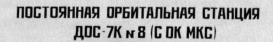

ПОСТОЯННАЯ ОРБИТАЛЬНАЯ СТАНЦИЯ
ДОС-7К № 8 (С ОК МКС)

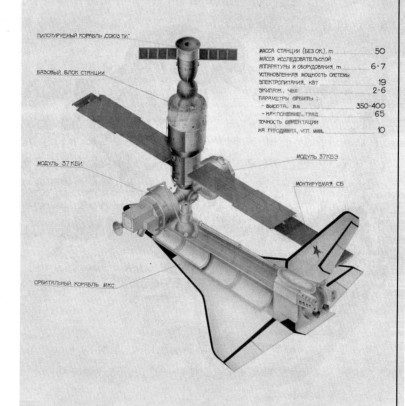

ПИЛОТИРУЕМЫЙ КОРАБЛЬ „СОЮЗ ТМ"

БАЗОВЫЙ БЛОК СТАНЦИИ

МОДУЛЬ 37 КБИ

ОРБИТАЛЬНЫЙ КОРАБЛЬ МКС

МОДУЛЬ 37КБЭ

МОНТИРУЕМАЯ СБ

МАССА СТАНЦИИ (БЕЗ ОК), m	50
МАССА ИССЛЕДОВАТЕЛЬСКОЙ АППАРАТУРЫ И ОБОРУДОВАНИЯ, m	6-7
УСТАНОВЛЕННАЯ МОЩНОСТЬ СИСТЕМЫ ЭЛЕКТРОПИТАНИЯ, кВт	19
ЭКИПАЖ, чел	2-6
ПАРАМЕТРЫ ОРБИТЫ :	
- ВЫСОТА, км	350-400
- НАКЛОНЕНИЕ, град	65
ТОЧНОСТЬ ОРИЕНТАЦИИ НА ПИРОДИМАХ, угл. мин.	10

ЗАДАЧИ

· ПРОВЕДЕНИЕ ИССЛЕДОВАНИЙ В ИНТЕРЕСАХ   АН СССР И НАРОДНОГО ХОЗЯЙСТВА ЗА СЧЕТ ОСНАЩЕНИЯ СТАНЦИИ СМЕННЫМИ МОДУЛЯМИ 37КБИ
· ПРОВЕДЕНИЕ РАБОТ НА КОММЕРЧЕСКОЙ ОСНОВЕ

使用 37КБИ、37КБЭ 专用舱的 ДОС-7К 8 号常设轨道站方案（与航天飞机处于对接状态）。其中 37КБИ、37КБЭ 专用舱由"和平"号轨道站使用的"量子"（Квант）舱发展而来。

图注（顺时针序）：多次使用航天飞机；37КБИ 专用舱；轨道站基础舱；"联盟 ТМ"载人飞船；37КБЭ 专用舱；安装的太阳能电池。

主要数据：轨道站质量（不计算航天飞机）——50 吨；其中的科研仪器和设备质量——6 至 7 吨；供电系统规划功率——19 千瓦；乘员数目——2 至 6 人；轨道参数——高度 350 至 400 千米，倾角 65 度；控制力矩陀螺定位精度——10 弧分。

轨道站任务：考虑为轨道站配备可更换的 37КБИ 舱体，用于进行有利于国民经济和苏联科学院的研究工作；在商贸原则上进行工作。

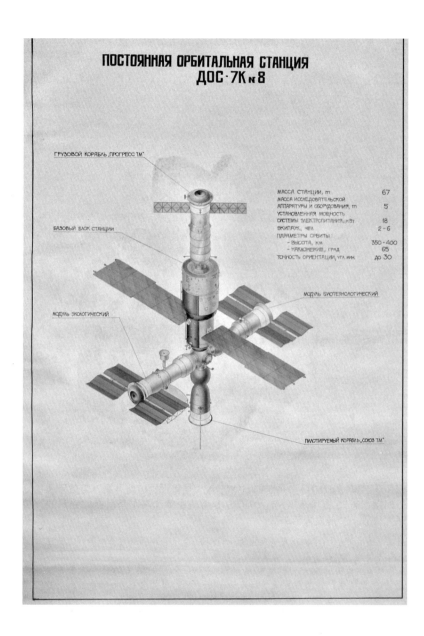

ПОСТОЯННАЯ ОРБИТАЛЬНАЯ СТАНЦИЯ
ДОС-7К № 8

另一个 ДОС-7К 8 号常设轨道站的 67 吨方案。其中的生物工程舱、生态学舱源自 19КА30 "伽马" 航天器。

图注（顺时针序）：生态学舱；轨道站基础舱；"进步-M" 货运飞船；生物工程舱；"联盟 TM" 载人飞船。

主要数据：轨道站质量——67 吨；其中的科研仪器和设备质量——5 吨；供电系统规划功率——18 千瓦；乘员数目——2 至 6 人；轨道参数——高度 350 至 400 千米，倾角 65 度；定位精度——达到 30 弧分。

已经有过在"和平"号项目下使用 12801 号舱体的方案，当时考虑到有可能出现 17KC 12701 号舱体（即"和平"号核心舱）因发生意外而不得不进行更换的情形。假如出现上述这种意外事件或是后来 12801 号舱体本身也遇到什么问题，那么"和平-2"号的实施预案是"甩开"12801 号舱体，第一阶段先行发射 ГТА-С 1 号货物运输补给航天器。

不过，在对轨道上的"和平"号核心舱的内部和外部进行长时间分析、大量地面研究、科学调查后，专家们最终得出结论："和平"号核心舱能够继续在轨道上运作到 1995 年初。于是使用 12801 号舱体替换 12701 号舱体的方案就变得不必要了。除此之外，这一方案要实施起来也过于复杂，因为不得不动用"暴风雪"航天飞机。

第三节   "和平-2"号小型方案

苏联解体后，12801 号舱体的新使用方案诞生于 1992 年。当年的 11 月 24 日，总设计师委员会认可了"能源"科研生产联合体提出的"和平-2"号轨道站新构想。在新的构想中，轨道站组成变为 12801 号基础舱加 3 个由"进步-M2"飞船改造而来的舱体（均使用"天顶-2"运载火箭发射），即：服务舱、生物工程舱和技术操作舱。这 3 个舱体计划全部对接在过渡舱上；第 4 个侧面接口则预留给"联盟 У"（Союз-У）运载火箭发射上来的对接舱室，它既能用于与宇宙飞船对接，也能用作气闸舱进行太空行走。

在进一步的远景规划中，打算研制远距离探测-生态学舱，让轨道站乘员借助"联盟 TM"飞船在天地之间往返，而货物则使用带有弹道式返回密封舱的"进步-M"飞船输送。并且当时仍指望"暴风雪"航天飞机能够参与到"和平-2"轨道站的建设和补给中：在轨道站额定乘员数为 2—3 名的情况下，"暴风雪"航天飞机能够在短时间内完成 6 名宇航员的轮换或送达。

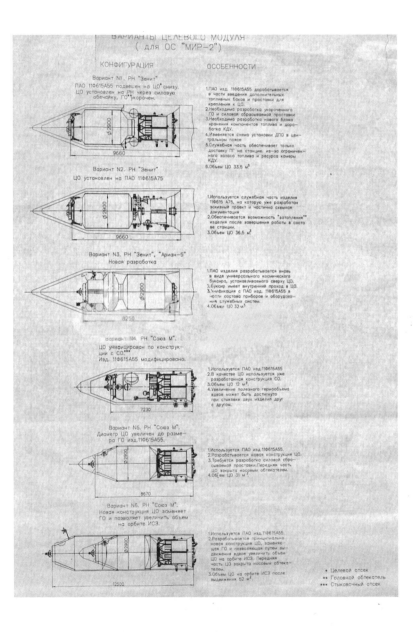

ВАРИАНТЫ ЦЕЛЕВОГО МОДУЛЯ
(для ОС "МИР-2")

"和平-2"号轨道站专用舱方案图（公开的一张方案图）

上图说明文字按自上往下顺序翻译如下：

"天顶"运载火箭1号方案（直径2900毫米，长度9660毫米）——源自11Φ615 A55 "进步-M"飞船的仪器设备舱从下悬挂在专用舱室上。专用舱室通过承力外壳安装在运载火箭上，头部整流罩缩短。说明：1. 对11Φ615 A55仪器设备舱进行了修改，包括采用了补充燃料罐和用于将其紧固在专用舱上的隔离件。2. 需要研制缩短的头部整流罩和承力的抛放隔离件。3. 需要研制新的燃料组分储存舱和改进姿态校正动力装置。4. 修改了中央带的系留校正发动机装置的方案。5. 受限于姿态校正动力装置室的燃料资源储存量，服务组件仅能保障将有效载荷送达轨道站。6. 专用舱容积33.5立方米。

"天顶"运载火箭2号方案（直径2900毫米，长度9660毫米）——专用舱安装在源自11Φ615 A75 "进步-M2"飞船的仪器设备舱上。说明：1. 利用了11Φ615 A75 "进步-M2"飞船的服务组件，针对该服务组件已经出具了初步方案和部分图纸文件。2. 产品作为轨道站的一部分完成作用后，其"沉没"可能性得到保证。专用舱容积36.5立方米。

"天顶""阿丽亚娜-5"运载火箭3号方案（直径2900毫米，长度8250毫米）——新设计。说明：1. 仪器设备舱被重新设计为独立的宇宙牵引飞船，安装在专用舱之上。2. 牵引飞船有通向专用舱的内部通道。3. 针对服务系统的设备仪器构成，实现了11Φ615 A55仪器设备舱的通用化。4. 专用舱容积32立方米。

"联盟M"运载火箭4号方案（长度7320毫米）——实现了专用舱与对接舱的结构通用，改进了11Φ615 A55产品。说明：1. 利用了11Φ615 A55 "进步-M"飞船的仪器设备舱。2. 利用了已经研制的对接舱结构作为专用舱。3. 专用舱容积12立方米。4. 可以通过两个产品的相互对接来实现有效密封容积的翻倍。

"联盟M"运载火箭5号方案（直径2900毫米，长度8670毫米）——专用舱直径加大，与11Φ615 A55产品头部整流罩的直径一致。说明：1. 利用了11Φ615 A55 "进步-M"飞船的仪器设备舱。2. 设计了专用舱的新结构。3. 需要研制承力抛放隔离件。专用舱的前部由艏部整流罩遮蔽。4. 专用舱容积31立方米。

"联盟M"运载火箭6号方案（直径2900毫米，长度12500毫米）——专用舱的新结构替代了头部整流罩，并且允许增加在地球人造卫星轨道上的容积。说明：1. 利用了11Φ615 A55 "进步-M"飞船的仪器设备舱。2. 基本上设计了新结构的专用舱，新结构取代了头部整流罩，可以通过加长来使地球人造卫星轨道上的容积翻倍。3. 加长后的专用舱在地球人造卫星轨道上的容积为52立方米。

此外，还打算在轨道站上分批次组装太空桁架（正式名称为科研-动力平台），该桁架的一端用于安装 2 个太阳能电池，另一端用于放置 2 个太阳能燃气涡轮装置。桁架上的供电系统功率为 38 千瓦，基础舱的 2 个电池功率为 9 千瓦。

新版本的 "和平-2" 号计划运行在高度 350 至 450 千米的轨道上，倾角呈 64.8 度（这样做是为了加大轨道站观测俄罗斯领土的比率）。它的大小不仅相较于原方案已大为缩水，甚至比当时在轨的 "和平" 号也小了不少，质量仅为 90 吨，其中研究设备占 15 吨（而 "和平" 号为 120 吨，其 "携带" 的 77KC 系列大型舱体每个近 20 吨）。

为了适应缩水版的 "和平-2" 号，12801 号居住舱的设计再次被修改：过渡舱处重新安装上了 4 个侧面对接装置，在工作舱段的小直径处（第三平面上）出现了科研-动力平台紧固部件（而在 "和平" 号核心舱的同一位置是装配上去的太阳能电池）。舱体的服务设备构成，如站载计算机、无线电遥测系统、卫星中继站通信系统、空调通风系统等，也随之发生了根本性变化：补充新增了自动接近-对接光学系统，"量子-B"（Квант-B）无线电指令系统换为了 "狮子座 α"（Регул）无线电指挥通信系统（后者使用少量的天线即可通过卫星中继站实现通信），"天蝎座 α"（Антарес）系统换为了 "天琴座"（Лира）系统和单向（定向）强方向性天线。

新版的 "和平-2" 号轨道站计划于 1996 年一季度发射升空，之后借助 "进步-M" 飞船或 "暴风雪" 航天飞机的 1 至 2 次飞行完成科研-动力平台的运输和装配，1997 年之前完成对接舱室和服务舱的发射，1997 年内发射生物工程舱，1998 年发射技术操作舱。它的有效使用期应达到 10 年（到 2005 年），且应具备延长使用寿命的可能性，常驻乘员数为 2 至 3 人。

然而在 1993 年，小型方案又起了新变化。轨道站上多出了两个

РАЗВЕРТЫВАНИЕ
ОРБИТАЛЬНОЙ СТАНЦИИ
"МИР 2"

Выведение базового
блока.
Начало пилотируемого
полета.

Выведение стыковочного
отсека.
Начало построения
научно-энергетической
платформы.

Выведение служебного
модуля.
Построение первого
крыла научно-энер-
гетической платформы.
Выведение биотехноло-
гического модуля.

Построение второго
крыла научно-энер-
гетической платформы.
Выведение технологи-
ческого модуля.

Дооснащение научно-
—энергетической плат-
формы служебным и на-
учным оборудованием.

"和平-2"号 1992 年方案的展开计划图

（依自上而下序）第一步发射基础舱，开始载人飞行；第二步发射对接舱，开始搭建
科研-动力平台（桁架）；第三步发射服务舱，建设科研-动力平台第一翼，之后发射
生物工程舱；第四步建设科研-动力平台第二翼，发射技术操作舱；第五步在科研-
动力平台上设置服务设备和科研设备。

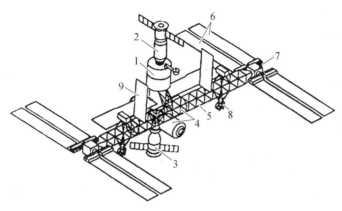

"和平-2"号 1992 年方案

1. ДОС-7K 8 号舱体；2. "进步-M2"货运飞船；3. "联盟"TMA 飞船；
4. 专用舱；5. 中央桁架；6. 太阳能电池；7. 太阳能电池板转动点；8. 轨道
发动机。

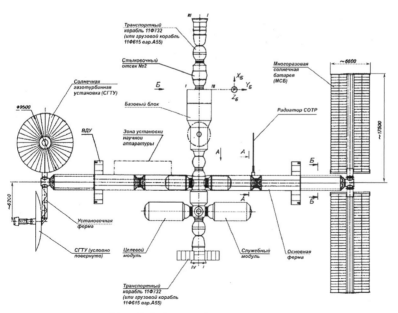

"和平-2"号 1993 年方案（图注略）

独立对接舱（每个都具有6个对接舱口）；废除了原先设计在基础舱过渡舱室处的全部对接装置，且计划将第二个独立对接舱安装在基础舱尾部。专用舱的数量由2个变为了3个，除技术操作舱、生物工程舱外，新增了地球自然资源调查舱（модуль ИПРЗ）。在科研-动力平台上打算安装2个尺寸与对接舱室接近的密封舱，用于在其内放置控制力矩陀螺和缓冲（浮充）电池。

那么在20世纪90年代中前期，俄罗斯有多大的可能性能独自完成这样的"和平-2"号轨道站建设呢？答案是微乎其微。在整个国家陷入经济危机的大背景下，俄罗斯航天业同样损失惨重，饱受资金短缺困扰。在当时，"12801号舱体将在预期内发射"已变成了"言过其实"的说辞。

直到1994年年中，"礼炮"设计局才出具了"和平-2"号轨道站基础舱的全套文件，并移交给火箭-航天工厂。整套文件包含382个图纸包或者说占用了12 000张A4幅面图纸，不过此时的"和平-2"号基础舱已更名为国际空间站服务舱。

第四节　后续：国际空间站

1993年4月，"能源"火箭航天集团通过俄罗斯宇航局，向NASA提出合并"和平-2"号和"阿尔法"号项目（"自由"号项目缩水后，在1993年至1994年的新名称）的建议。同年8月，美方做出回应，出具了俄方参与共同项目的方案，确定了国际空间站的构形，并同意国际空间站项目由发射俄方的17KCM 12801号舱体开始［此时舱体已更名为"星辰"（Звезда）服务舱］。在上述商讨结果的基础上，1994年9月初，美俄双方签署了俄罗斯参与国际空间站建设及美国参与"和平"号项目的政府间协议。

之后国际空间站的组装方案历经修改，最终"星辰"服务舱由第一个发射入轨，变为了排在"曙光"（Заря）功能货舱、"团结"（Unity）节点舱之后第三个入轨的舱体。空间站轨道倾角由 65 度调整为 51.6 度，以使美国航天飞机获得大得多的运载量。

　　为了配合国际空间站项目，"星辰"服务舱的设备构成再一次发生变动：与 1993 年"和平-2"方案相比较，不同之处在于恢复了过渡舱上方和下方的 2 个对接舱口，将俄制站载计算机换为了欧洲航天局提供的产品，增加了转换接口用于与美方舱体进行服务信息和科研信息交互。

　　在 1994 年年末至 1996 年 5 月期间，俄方进行了三次服务舱草案的确认工作，涉及温度状况保障系统、生命保障系统、"航向"系统、站载计算设备等。其中每一次都调整了工作布局，再版了运作运行技术文件。有 500 个仪器被重新布置，将近 150 个再次被撤换，在舱体外壳处新增了近 200 个焊接支座。上述行为给赫鲁尼切夫国家航天科

12801 号舱体（"星辰"舱）技术样机。作者 2016 年摄于莫斯科近郊的加加林宇航员训练基地。

研生产中心下属的火箭航天工厂增添了不小负担，使舱体的成套装配工期一拖再拖。最终，在 1997 年 1 月 21 日临近时，全套设计文件终于被移交给制造工厂，同时舱体被运往火箭航天工厂第 22 号车间进行最后组装。次年 6 月，已组装完成的舱体通过密封试验后，交由"能源"集团下属的电机厂完善设备并进行综合电气试验。

1999 年 5 月，舱体经由铁路运往拜科努尔航天发射场。按照 1993 年 11 月 1 日制订的项目进度表，服务舱应于 1997 年 6 月就发射升空，但这一计划一改再改，直到 2000 年 6 月 12 日才得以成为现实，之后所发生的历史就已经是人们都熟知的了。

第八章 "盾牌-2"轨道站主动防御导弹

　　1973年至1991年，苏联方面在"钻石"军用轨道站项目下共发射了五个轨道站升空，其中三个为载人轨道站（以"礼炮-2""礼炮-3""礼炮-5"的名称运行），用于照相和无线电侦察；两个为无人自动运行轨道站（以"宇宙-1870""钻石-1A"的名称运行），装载合成孔径雷达。三个载人轨道站中，除"礼炮-2"号发射后因故障失去控制从轨道坠落外，其余两个轨道站先后三次成功与"联盟"飞船对接。

　　由于"钻石"系列轨道站的军用性质，为避免它们受到潜在对手的探查、破坏甚至劫持（20世纪70至80年代，苏联方面曾认真地研究过美国航天飞机载人来"偷窃"轨道站的情形），由诺德尔曼设计局专门研制了23毫米口径的HP-23机关炮，即"盾牌-1"防御系统。但机关炮系统的防御范围小，仅能对付近处目标，无法远距离拦截敌方发射的攻击卫星-拦截器，具有很大的局限性。

　　作为"盾牌-1"机关炮的替代品，"盾牌-2"主动防御导弹被研发了出来，但它从未正式列装过。很长一段时间，人们对于这一系统一无所知，直到2021年5月中旬俄罗斯红星电视台对"机械制造"科研生产联合体进行采访时，它的神秘面纱才被揭开。

　　"盾牌-2"导弹是一种配有破片杀伤战斗部的"太空-太空"自导武器，旨在毁伤那些威胁到己方轨道站的敌方航天器。它的长度约有半米，直径约有30厘米。导弹被保存在"石棺"容器内（其中很可

"盾牌-2"导弹主要部分

从左至右：加速器、稳定装置叶轮、发动机-战斗部、带有红外镜的自导组件。

能充满氮气），放置在轨道站外壳上。发射时容器打开，导弹便被
"弹射"出去。

　　而将"盾牌-2"导弹推向目标的主要动力，则来自弹体尾部的固
体燃料加速器（11B92-СБ0102组件）。外观上，它是一个相当普通
的用于喷射起飞助推的"瓶子"，很可能是直接借用的航空工业技术
成果。在加速器熄灭后，它多半会从弹体上分离（被抛掉）。

　　有一些资料显示，11B92-РБП1-СБ0102组件也有可能是导弹的
第二级加速器，但该组件过于短小，它更可能是发动机控制和导弹稳
定系统组件。

　　"盾牌-2"导弹应是通过围绕自身纵轴旋转实现稳定，只是目前
还不清楚是整个导弹顺着一个方向旋转，还是弹体的两部分朝着不同
的方向对转。为了产生陀螺力矩，在加速器壳体上装有稳定装置叶
轮，叶轮的滑转通过气瓶（气瓶布置在储存导弹的容器内）的压缩气
体喷射来实现。

"盾牌-2"导弹的战斗部和发动机装置实际上是同一个组件，位于弹体中央。这是一种十分新颖的设计，借此"节省"下了非常多的结构重量，固体燃料既能用于导弹机动，又能用于爆破。战斗部-发动机装置组件的基础是密密麻麻的小型固体燃料装药组成的"刺猬"，这些"刺"从中央燃烧室向四面八方伸出。每一个装药随时都能被控制系统激活，所产生的热气喷入中央燃烧室，继而又被送入中央燃烧室端部的喷嘴中。这种方式实现了导弹控制，使它可以按照多个轴线位移，在轨道上进行机动。当导弹进入目标毁伤半径时，所有剩余的装药会同时起爆，气体超压会撕碎燃烧室，破坏掉导弹本身，进而散布其破片——装药空壳会化为弹片飞向四周。

"盾牌-2"导弹的前端是11B92-TO组件，即制导系统，它包含有控制单元和传感器。一些资料提到它采用雷达制导（很可能是错误的），但从传感器的外观来看——是一根长而相对细的金属管，末端有孔……故"盾牌-2"导弹应是使用红外镜来跟踪目标，这样一来，弹体上的缩写"TO"也能够较为合理地解释为"热检测"之意。传感器目标截获很可能是在导弹容器打开后就立即进行。

目前尚不清楚"盾牌-2"导弹使用哪种算法来引导自身飞向目标，从弹体上没有天线来看，它应不由指挥控制，而是完全自主的自导武器。若考虑到"盾牌-2"导弹会用于无人轨道站防御，那么这种设计具有合理性。

"盾牌-2"导弹很可能不具备长时间轨道机动能力。它尺寸小，特征速度储备有限（导弹的固体燃料装药中不可能"塞入"足够多的D-v来实现跨轨道转移），并且没有温度调节系统。这表明它是作为一种防御性武器被"严格"看待的，只在轨道动力学问题可以忽略的距离上使用。据称"盾牌-2"导弹的射程为100千米。

"盾牌-2"导弹应是世界上第一种实体化的"太空-太空"武器，其设计上的详细工作应在多年前就已经完成，项目至少推进到了制造技术模型样机阶段，甚至可能已经造出了试验样机（但由于信息有限，很难说"机械制造"科研生产联合体展示的导弹到底是什么）。

"盾牌-2"导弹的小型固体装药（上），带有红外镜的自导组件（下）

第九章 海鹰的羽翼——苏联航天服及舱外机动装置

1990 年 2 月 1 日，宇航员 A. A.谢列布罗夫正在"和平"号轨道站外进行苏联首次舱外机动（宇航员 A. C.维克多年科进行了第二次舱外机动）

21KC 机动装置原本是为"和平"号和"暴风雪"号计划专门研制的，用于支持在轨建造和装配大型空间结构。

第一节　"海鹰"航天服小史

20 世纪 60 年代后期，中央机械制造设计局（即切洛梅设计局）进行了"钻石"轨道站的研制工作，并计划在轨道站上使用舱外航天服（主要目的是保证宇航员能够顺利从运载飞船进入轨道隔舱）。在上述项目启动之时，"星辰"科研生产联合体就已在航天服方面预先完成了大量的技术积累和研究工作——其带来的成果就是配有 PBP-1Π 背包（背包型生命保障装置）的"鹞鹰"航天服，为 Л-3 计划——登月行动指挥员研制的半硬式"海鹰"航天服，以及"鹰"式软体航天服（也是一种为登月行动准备的航天服）。其中"鹞鹰"航天服在 1967 年作为最成熟的产品通过了"钻石"轨道站气闸舱内的试验，并开始生产。

莫斯科宇航员纪念展览馆内陈列的"鹞鹰"航天服

方形"铁箱子"就是 PBP-1Π 背囊，自耗组件应该还没有"随插即用"化（左），而"鹰"式软体航天服（中、右）几乎无人知晓，遗留下来的照片也不多（中间的照片为不带外罩的外观，右边照片为套上外罩后的外观）。

与此同时，（苏联方面）仍有一个课题尚待解决，即如何在多艘飞船上配备救生航天服的问题，尤其是"联盟"7K-BИ战斗飞船以及与"钻石"轨道站配套的运载飞船，它们都有配备救生航天服的要求。因此在为轨道站选择航天服方案时，就无法回避通用航天服的配置问题了。然而，想要航天服既具备救生功能，又具备舱外使用功能，实际的结果是大大减少了可用的航天服结构方案。

例如，半硬式航天服由于难以配置减震座椅（用于发射起飞和降落时）而无法兼具救生功能。又例如，舱外航天服的技术要求几乎很难与救生航天服相兼容——按照技术文件规范，在宇宙飞船外首先使用的加压舱外航天服强调的是牢固可靠（以保障安全），且它配备的一系列装置是救生航天服用不上的。而加压救生航天服只在事故情况下才有用，而在标准飞行条件下，它强调的是最大限度地方便宇航员在紧凑的舱室内进行移动和工作。最终，"星辰"联合体的研究人员建议同时采用两种不同类型的航天服以完成从舱内活动到舱外活动的转换：一种是为每个宇航员配备的极轻便型救生航天服［这一方向最终发展成为"联盟"宇宙飞船用的"隼"救生（舱内）航天服］，另一种是复杂但可靠的舱外航天服。这一思路的提出，有效解决了航天服结构上的诸多限制问题，也确立了"海鹰"航天服（以 Л-3 计划——登月行动指挥员航天服为基础）作为有前途方案的地位。

"海鹰"航天服具备诸多优点，例如能够方便地调整尺码，便于不同的宇航员在轨穿戴使用；易加工改进以装载可拆卸式的自耗组件（每一次舱外活动后必须更换）；半硬结构可靠性高，工作压力可达到40 千帕；等等。1969 年 11 月，"海鹰"航天服通过了"钻石"轨道站气闸舱内的试验，中央机械制造设计局依照"星辰"联合体的建议，决定采用更为先进的"海鹰"航天服取代"鹞鹰"航天服。

A. И. 埃基斯（А. И. Эйдис）及 В. Н. 切洛梅（В. Н. Челомей）在1969 年 11 月 20 日作为副手批准，Г. И. 谢韦林（Г. И. Северин）在

1969 年 11 月 28 日作为主要负责人批准的决定书中写道：

> "海鹰"航天服用于供一名或两名宇航员通过气闸舱（气闸舱出舱口直径为 785 毫米）进行舱外活动，并在宇宙飞船外壳上完成设备维护工作，也可借助独立的助推装置（作为单独的技术任务，由中央机械制造设计局订货）离开飞船进行机动，以执行任务。……
>
> 目前正在详细研究为"海鹰"航天服研制和配备带有无线电通信装置、遥测技术装置和电源装置的自主部件的问题。

该决定书中还规定，在"钻石"轨道站上，穿戴航天服条件下的舱外活动应实现每次 5 小时，且每 2.5 个月内应实现 2—4 次舱外活动。还打算研究在轨道站上对航天服生命保障系统（使用氧气和水）进行补充的办法，以及研究如何更换吸收罐（一般是利用活性炭吸收清除臭气、二氧化碳和尘埃）。

不过，由于"钻石"轨道站项目本身进展缓慢，外加美国天空实验室计划带来的压力，中央试验用机械制造设计局（即第一试验设计局，后来的科罗廖夫能源火箭航天集团）的科研团队在 1969 年年末提出了尽快建造科研-国民经济通途轨道站的意见，这种轨道站使用"钻石"轨道站项目现成的技术成果和组件，只是其使用的系统由"联盟"飞船的系统改进而来。

根据这一建议，苏联政府于 1970 年 2 月 9 日做出了研制 ДОС-7K 持久轨道站的决议，到了 1971 年 4 月 19 日，以"礼炮"命名的第一个该类型轨道站就已经发射入轨。

在上述政府决议的带动下，1970 年初开始了对"海鹰"航天服的试验性改进，以使其能够与 ДОС-7K 持久轨道站相配套。到了同年 4 月，中央试验用机械制造设计局就得到了改进型"海鹰"航天服的原始数据。改进后的航天服被称为"海鹰-Д"〔Д即持久轨道站（ДОС）的首字母〕，主要在使用寿命上（延长了在轨使用期限，增加了可用次数）和维护性上（更加便于宇航员在轨进行航天服自主维护，不必频繁返回地面）进行了大幅优化。

按照原始数据，"海鹰-Д"航天服的计划在轨使用期限为3个月，每次舱外活动的总时长不少于10小时（含补给时长）——能够完成3—4次（时长为2到4小时）舱外活动。两套处于待用状态的"海鹰-Д"航天服加在一起，其总重量不超过216千克（整套设备重量，包含轨道站上的设备）。

一整套"海鹰-Д"包含如下保障设备：

存放设备——保证航天服在轨道站上处于规定位置；

维护设备——用于进行必要的航天服维护工作，完成航天服的工作准备；

过闸设备——用于完成通过气闸舱的工作；

供给设备——用于补充氧气瓶，加水，更换吸收罐及干燥航天服，以便再次进行舱外活动。

"海鹰-Д"航天服及其背包（带有生命保障系统）的图纸也在1970年制成，之后便开始了针对航天服部件的进一步研究工作，旨在使它们能够长时间保存于轨道站并重复使用。1971年，制成了一系列技术测试部件，其中包括：与1型航天服用对接装置（БСС-1）配套的轨道站部件〔1型航天服用对接装置（БСС-1）用于建立航天服与轨道站闸门设备之间的辅助液压连接〕；БВС-2轨道站通风系统（用于干燥航天服）；用于供电、通信和遥测的电缆索（脐带）——其长度可以保证出舱后15—20米距离内的活动，同时也是宇航员的安全绳。此外还进行了针对可更换组件、轨道站供给系统的试验性测试。

然而，受到"钻石"轨道站部件延期交付的影响，以及中央试验用机械制造设计局做出了不在"礼炮-1"号轨道站上使用"海鹰-Д"的决定，1972 年至 1973 年，航天服的结构改进工作和各类测试工作一度受阻，直到 1973 年 5 月"星辰"联合体向中央试验用机械制造设计局提出交涉，请求尽快解决"海鹰-Д"的入轨使用问题。之后双方很快就在 1974 年 1 月达成正式协议（6 月又下达了最终技术任务书），即"海鹰-Д"航天服将在"礼炮-6"号［另一个编号为持久轨道站 5 号（ДОС-5）］轨道站上投入使用。

1976 年左右，"海鹰-Д"航天服的生理学测试、技术测试、系统测试及液压系统长期试验（为期 1—2 年）全部结束。1977 年年中，完成了"海鹰-Д"航天服的寿命测试、跨部门协作试验（和气闸舱系统一起由国家空军科学研究所进行试验），随即在"礼炮-6"号轨道站上配备了第 33 号、第 34 号、第 35 号、第 36 号、第 38 号"海鹰-Д"航天服及其配套装置（第 33 号、第 34 号为常备，第 35 号、第 36 号、第 38 号为备用）。在配备工作进行的同时，也展开了一系列宇航员训练工作，如"星辰"联合体、国家空军科学研究所的气压舱训练，水中失重训练以及图-104 飞机上的飞行试验室训练。

再后来的事就是众所周知的了：1977 年 12 月 20 日，宇航员 Ю. В.罗曼年科（Ю. В. Романенко）和 Г. М.格列奇科（Г. М. Гречко）从"礼炮-6"号轨道站出发，首次穿戴着"海鹰-Д"航天服实施了舱外活动。

当然了，不那么为人所知的事实也是存在的：实际上从 20 世纪70 年代初到 70 年代中期，将"海鹰-Д"航天服与"钻石"军用轨道站相结合的研究工作并未停止，甚至还进行过（包含"海鹰-Д"航天服在内的）轨道站生命保障系统的跨部门协作试验，以及 ТБК-60热压舱内的保温保压试验，还研制出了与 Б-3 型航天服用对接装置配套的轨道站部件。这些工作的彻底结束是在"礼炮-6"号轨道站发射之后，随着"钻石"轨道站项目的终止才不再继续。

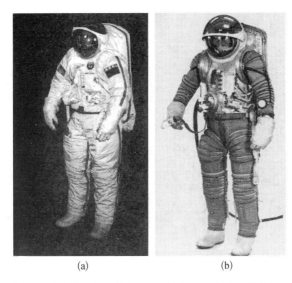

　　　　(a)　　　　　　　　　　　(b)

"海鹰-Д"航天服（第38号）的外观。左为不带外罩，
右为带外罩。

第二节　"海鹰"航天服的结构及型号发展

　　苏联解体前，"海鹰"航天服主要发展出了3种型号（由登月用基
础型号衍生而来的3种）。航天服结构随着在轨操作条件的变化以及任
务半径的扩大不断进行调整。同时，航天服的可靠性和协调性也在任
务执行结果、宇航员建议及消除缺陷研究工作的影响下不断提高。

　　第一型为"海鹰-Д"，用于执行"礼炮-6"号、"礼炮-7"号轨
道站上的任务。第二型为"海鹰-ДМ"，主要在"海鹰-ДМА"问世
之前的中间期内使用（"和平"号轨道站发射后的头两年配备的也是
"海鹰-ДМ"）。第三型"海鹰-ДМА"则主要用于"和平"号轨道
站，并计划在"暴风雪"航天飞机上使用。

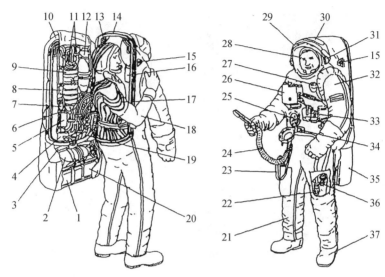

"海鹰"航天服结构的参考图（该图实际上是苏联解体后才出现的"海鹰-M"，头盔顶部有一圆窗为该型号特点）

按序号依次为：1——蓄电池；2——主氧气瓶；3——遥测装置；4——湿气分离器；5——测量仪器组；6——换热器；7——过滤器；8——供水箱；9——（二氧化碳及臭气）吸收罐；10——背包；11——主要风扇和备用风扇；12——备用氧气瓶；13——压力调节器；14——胸甲（硬的上躯干）；15——箱体（背包）连接点；16——饮水箱；17——水冷服；18——内衣；19——主要泵和备用泵；20——无线电台；21——软的下躯干；22——电连接器（接头）；23——安全绳；24——可调节长度的安全绳；25——联合连接器（接头）；26——电动控制板；27——压力计；28——头盔；29——滤光器；30——头盔顶部圆窗；31——照明器（灯）；32——袖子（软的可活动上肢）；33——辅助控制板；34——（航天服）连接点；35——自主操作的可拆卸装置；36——应急供氧软管连接器（接头）；37——靴子。

　　"海鹰-Д"与基础型的区别在于：大幅改变了背包内设备、生命保障系统的布局配置，以保证氧气瓶、吸收罐能够简便更换，（生命保障系统的）冷却系统能够易于（使用水）补充；蒸发式热换器换为升华式换热器；统一了主氧气瓶和备用氧气瓶的规格标准：都拥有 1 升容量以及 42 毫帕的工作压力（基础型的备用氧气瓶容量为 0.4 升）；主氧气瓶的位置从背包内腔移动到了背包外表（背包下部），以保证方便更换；最后，改变了水冷系统管路的工作模式，从而保证了过闸时水冷服内的水循环，而无须再借助轨道站上的泵设备（基础型则需要依靠宇宙飞船或登月舱上的泵来维持过闸时水冷服内的水循环）。

按照生产批次的不同，"海鹰-Д"也存在差异。相对于"礼炮-6"号轨道站上使用的"海鹰-Д"，"礼炮-7"号上的"海鹰-Д"在结构上有一些额外的变化，例如注射器的位置从背包内移动到了航天服外壳上，采用了分离器以去除冷却水中的气泡，修改了轨道站上航天服配套保障设备的结构。

1969 年至 1984 年，共生产了 34 套"海鹰-Д"航天服，其中 7 套被用于执行航天任务，最大使用寿命为 2—2.5 年。从 1977 年起至 1984 年年底，共使用"海鹰-Д"航天服完成了 13 次舱外活动，其中"礼炮-6"号轨道站上 3 次，"礼炮-7"号轨道站上 10 次。

根据中央试验用机械制造设计局 1980 年 10 月 16 日的记录，也曾计划在"暴风雪"航天飞机（当时尚在研制）上配备"海鹰-Д"航天服，设想的使用方式为：在航天飞机为期 7 天的飞行中完成 3 次时长为 5 小时的舱外活动，或是在航天飞机为期 30 天的飞行中完成 6—8 次舱外活动。过闸（活动）要么在气闸舱内进行，要么就是在航天飞机的对接舱内实施。

"海鹰-Д"航天服通过 20 米长的多线电缆索与轨道站上的设备相连，电缆索的作用为：向航天服系统供电，保证无线电通信，以及传递跟航天服运作相关的遥测信息和宇航员的状态信息。电缆索的存在能够保证宇航员在气闸舱附近进行舱外活动和工作，然而"星辰"联合体并不满足于此，因此在"海鹰-Д"航天服成功应用于"礼炮-6"号轨道站之后，"星辰"联合体就展开了"海鹰-Д"改进型的研制工作，其成果便是具有过渡意义的"海鹰-ДМ"航天服和实现了完全自主运作的"海鹰-ДМА"航天服（"海鹰-ДМА"航天服的完全自主性主要得益于新增的可拆卸式装置组件）。

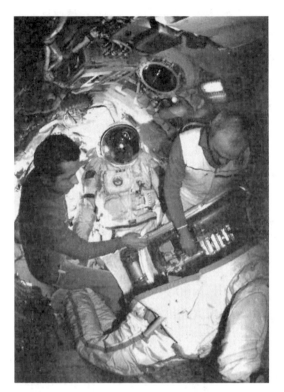

宇航员 **В. А.**德扎尼贝科夫（**В. А. Джанибеков**）和
宇航员 **В. П.**萨文内赫（**В. П. Савиных**）正在准备
"海鹰-ДМ"航天服，以进行"礼炮-7"号轨道站
上的舱外活动

　　"海鹰-ДМ"航天服的文件资料在 1983 年形成，并于同年获得
了 16 套订货。针对"海鹰-ДМ"航天服，研制了新的电子-无线电系
统控制板，同时对航天服的电路图、有线网（线路走向）做了相应修
改，也采取了一系列结构改进措施以提高可靠性和工作性能，其中包
括：重新配置背包内设备；加工改进航天服壳体（例如改变了注射器
的布局，它位于航天服外壳的前部）；提高袖子（软的可活动上肢）
的灵活性；在头盔部位采用安全帽；研制辅助液压系统的联合控制

板；重制管路联合连接器（接头）的主要阀门；改进测量设备、水泵及水箱（简化水箱的更换过程）；在航天服一处密封外壳上采用装甲材料；采用应急供氧软管；减少水冷服的冷却面积；在头盔上安装照明器（灯）。

"海鹰-ДМ"航天服于1985年年中被带上"礼炮-7"号轨道站，之后又被带上了"和平"号轨道站（1986年3月）。在"和平"号轨道站上完成五次舱外活动后（最后一次是在1988年6月30日），为两艘"进步"货运飞船带来的"海鹰-ДМА"所替代。

"海鹰-ДМА"航天服已经能够脱离电缆索使用（先前的型号需借助与轨道站设备相连的电缆索工作）。在"海鹰-ДМА"航天服上新增了专门的可拆卸式组件，其中包含电源（航天服用蓄电池）、无线电遥测系统组件和天线馈线装置（无线电台系统），无线电天线本身则被集成在了航天服的改进型外罩上。无线电系统可保证宇航员同时跟轨道站和最近的中继站（主要用于与地面保持联系）进行双向通信，舱外宇航员之间的空间通信则由轨道站系统保障，通话器可借助按钮打开，也可借助"声音自动装置"工作。

"海鹰-ДМА"是作为航天服-宇航员机动装置项目（1985年9月25日根据决议正式立项）的一部分进行研制的，因此还设计了与机动装置配套的结合部件（编号为21KC的机动装置于1990年成功进行飞行试验）。

"海鹰-ДМА"在结构上跟之前型号的差别和改进之处是：再次改进了航天服的硬体部分；在航天服的下部软体处，采用了穿过专用可拆卸安装座的腿部外壳结合件，使航天服的软体部分在损坏和磨损后能够被更换；稍稍增加了航天服的内部体积，修改了用于固定航天服的前（部）连接锁（以"销"的形式出现）的设计；改进了航天服的密封手套，同时采用密封袖口以确保密封手套破损的情况下航天服密封性能维持一定时间；安装了容积加大的新型ЛП-6二氧化碳和废

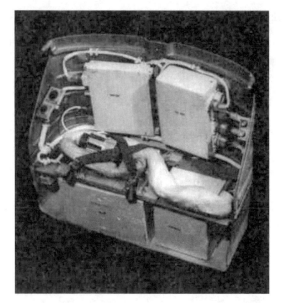

"海鹰-ДМА"航天服上新增的专门可拆卸式组件

带有电源（航天服用蓄电池）、无线电遥测系统组件和天线
馈线装置（无线电台系统）。可参见先前的航天服结构图。

气吸收罐［使航天服的（单次）自主工作时间达到 6 小时］；改进了
风扇（采用了新型电机）和头盔（提高了电声学装置和器件的性能）；
（由于舱外活动时不再使用电缆索）采用了补充的安全绳。

　　1987 年，在"海鹰-ДМА"问世后，形成了以"海鹰-ДМА"替
代"海鹰-Д"作为"暴风雪"航天飞机舱外服的决议。与此同时，
为了配合计划建造的"和平-2"号轨道站，也展开了"海鹰-ДМА"
的后续改进工作，这些工作所取得的成果在未来成为"海鹰-М"航
天服的基础。

　　再回过头来说说轨道站设备的改进。在"礼炮-6"号上，"海鹰-
Д"航天服使用的是与 1 型航天服用对接装置（БСС-1）配套的轨道
站系统。航天服在进行出舱准备和过闸时，借助该系统与轨道站上的

氧气瓶、换热器（冷却水冷服的循环水）连接起来。该系统的部件上还装有水（即水冷服的循环水）温度调节开关。

在"礼炮-7"号轨道站和"和平"号轨道站上，使用的是与2型航天服用对接装置（БСС-2，以及后来的БСС-2М）相配套的轨道站系统，它包含风扇、水分收集器（吸湿器）和二氧化碳吸收罐。航天服在过闸时借助该系统运作，而不消耗自身携带的生命保障系统自耗储备，从而达到延长舱外自主工作时间的目的。"礼炮-7"号轨道站、"和平"号轨道站的站上系统还带有软管纽带、电缆索和氧气瓶，过闸过程中的航天服供电、循环水冷却由站上系统来保障。

"海鹰"航天服除了三种在轨使用的发展型号外，还有相应的训练用型号，总体上分为三类："海鹰-В"、"海鹰-ГН"和"海鹰-Т"，其中字母В意为通气的，ГН意为水中失重，Т意为练习（例如"海鹰-Д"的两种训练型号即"海鹰-Д-В"和"海鹰-Д-ГН"，其余的以此类推）。

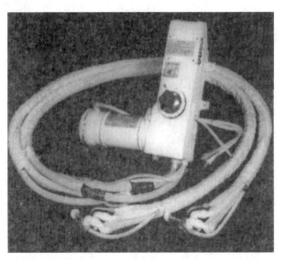

БСС-2М 航天服用对接装置

　　"海鹰-B"系列的训练用航天服主要用于进行空中失重训练（在飞机上人为制造出的失重过程一般持续数十秒），也用于一系列地面上的试穿工作。"海鹰-ГН"系列顾名思义，用于在加加林宇航员培训中心进行水中模拟失重训练。"海鹰-T"系列出现得较晚，根据1985年的决议立项研制（和21KC宇航员机动装置项目一起，在同一个决议中立项），用于在加加林宇航员培训中心的"出口"试验台上进行出舱模拟练习（在不降低外界压力的地面条件下模拟宇航员的过闸过程）。"海鹰-T"系列的训练用航天服采用标准规格，不同之处在于改装了部分通风系统、供氧系统、传感仪器、电气设备控制系统，

（左边两图）宇航员正在水池中进行模拟训练。（右边两图）宇航员正在"出口"试验台上做练习（型号为"海鹰-M-T"，苏联解体后拍摄）：右上图为"出口"试验台整体外观，右下图为教员正在准备训练用航天服。

借助外部空气源即可实现航天服加压，并能在地面条件下模拟出各种需要的状况（如设备故障、脱离航天服、启动应急信号装置等等）。

第三节　"海鹰"航天服在轨
使用的统计数据

1977 年至 1991 年，在"礼炮-6"、"礼炮-7"号、"和平"号轨道站上，苏联宇航员使用"海鹰"系列航天服完成了一系列舱外活动，主要工作内容是测试航天服、排除故障、修理、轨道站运行维护及新设备的安装。

如果将时间拉长一些，那么 1977 年至 2004 年 9 月 15 日，苏联和俄罗斯宇航员穿着"海鹰"航天服共进行了 109 次舱外活动。

1977 年至 1979 年，苏联宇航员在"礼炮-6"号轨道站上使用了 6 次"海鹰-Д"航天服。在"礼炮-7"号轨道站上，"海鹰-Д"航天服于 1982 年至 1984 年期间共使用了 20 次，"海鹰-ДМ"航天服于 1985 年至 1986 年期间共使用了 6 次（其中有些次是修理存在燃料泄漏的舱室，并未打开气闸舱出舱口进行舱外活动）。

在"和平"号轨道站上，"海鹰-ДМ"航天服于 1986 年至 1988 年期间共使用了 10 次，"海鹰-ДМА"航天服于 1988 年至 1997 年期间共使用了 112 次，"海鹰-М"航天服于 1997 年至 2000 年期间共使用了 36 次。自 2000 年起至 2004 年 9 月，"海鹰-М"航天服则在国际空间站上使用了 28 次。

"海鹰"航天服最为人熟知的一次使用发生在 1979 年。当年的 8 月 15 日，宇航员 B. B. 留明（В. В. Рюмин）和宇航员 B. A. 利亚霍夫（В. А. Ляхов）身着"海鹰"航天服在舱外移除了"礼炮-6"号轨道站上被挂住的 KPT-10 射电望远镜的伞形天线。KPT-10 是世界上第一架太空射电望远镜，它拥有一个自动展开的直径为 10 米的伞形

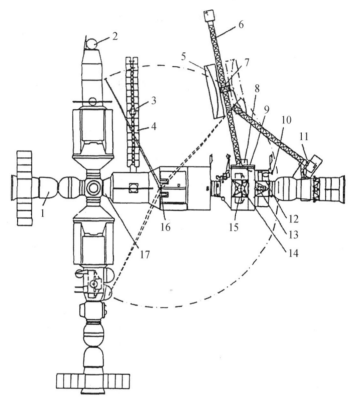

"和平"号轨道站上的舱外活动示意图

图中的"和平"号轨道站为 1990 年至 1995 年的形态，所标示的舱外活动大都是 80 年代末至 1993 年进行的。图注：1——修复"联盟-TM"宇宙飞船的热防护层；2——修理出舱口；3——安装观察用电视摄像机；4——装配太阳能电池和试制的（试验用）太阳能电池；5——安装反射镜（用来进行了人造月亮试验）；6——将索夫拉支架安装到工作位置；7——组装索夫拉支架；8——安装装配架；9——安装（建立）装配平台；10——更换天线阵列；11——在索夫拉支架上装配前端动力装置；12——修理带影孔板（荫罩）的天文望远镜；13——安装星体跟踪器；14——装配可多次使用太阳能电池的驱动装置舱体；15——为可多次使用太阳能电池的驱动装置装配基础支架；16——安装吊货杆基座；17——装配法国"ERA"桁架天线。

让-卢·克雷蒂安与苏联航天人士的合影

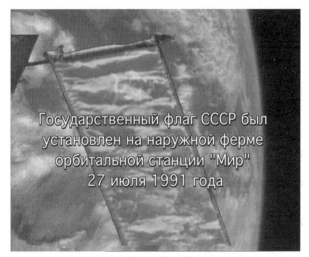

Государственный флаг СССР был
установлен на наружной ферме
орбитальной станции "Мир"
27 июля 1991 года

"和平"号轨道站上的苏联国旗

1991年5月18日至1991年10月15日，宇航员А. П.阿尔齐巴尔斯基（А.
П. Арцибарский）和С. К.克里卡廖夫（С. К. Крикалев）作为第9批次任务
人员在"和平"号轨道上工作。当他们身着"海鹰"航天服进行第一次舱
外活动时，在轨道站的外部桁架上竖起了苏联的红色国旗，以表示对国家
分裂的抗议。这面苏联国旗直到俄罗斯时期才被取下。

天线阵列，1979 年 6 月 28 日由"进步-7"号货运飞船送上"礼炮-6"号轨道站。1979 年 8 月 9 日，射电望远镜观测工作成功完成后，天线阵列按计划与轨道站分离时出现意外状况。

法国历史上的首次舱外活动亦是借助苏联技术实现。1988 年 12 月 9 日，让-卢·克雷蒂安（Ж. Л. Кретьен）穿着"海鹰"航天服在"和平"号轨道站外进行了 6 小时的舱外活动，他因此成为法国"太空行走"第一人（继苏联、美国后，法国是第三个有此类人物的国家）。图为让-卢·克雷蒂安（中间身着白衣者）从"和平"号轨道站返回地面后与"星辰"联合体的科研人员在一起。另外，他也是法国历史上第一个进入太空的宇航员，在 1982 年乘坐苏联"联盟-Т-6"号宇宙飞船登上"礼炮-7"号轨道站，同年作为外籍人士被授予苏联英雄称号和列宁勋章。

第四节　21КС 舱外机动装置

苏联曾为"鹞鹰"航天服研制过舱外机动装置，但由于 Н-1 火箭失利，其延伸项目被取消，舱外机动装置没有了可执行的具体任务，也没有了适合的搭载平台，项目被迫中止。舱外机动装置的研制工作直到"和平"号轨道站项目启动后才得以恢复。

根据 1984 年 3 月 22 日苏联航空工业部和通用机械制造部的联合决议，21КС 舱外机动装置的研制工作在"星辰"科研生产联合体和"能源"科研生产联合体的共同建议下正式开始；此时苏联方面计划利用"海鹰"航天服在"和平"号轨道站和"暴风雪"航天飞机上进行舱外活动，在必要时搭配上舱外机动装置。与此同时，也开始了"海鹰"航天服的改进工作，以确保航天服能够脱离电缆索自主工作。

1985 年 9 月 25 日苏联政府层面作出决议后，舱外机动综合系统

"海鹰"航天服和21KC舱外机动装置。作者2016年摄于莫斯科全俄展览中心（全苏国民经济成就展览馆）。

的项目工作全面开展，决议指定"星辰"科研生产联合体为该系统的首要开发和制造单位，舱外机动综合系统应包括带有生命保障系统的自主工作航天服、21KC舱外机动装置以及航天器上用于保障宇航员自主工作的站载或机载设备。系统的开发工作以"能源"科研生产联合体提供的技术说明书为依据进行，系统的运动控制子系统的开发和制造也交由"能源"科研生产联合体完成。订货方则为苏联通用机械制造部和苏联国防部。

　　1986年，"星辰"科研生产联合体制造出了21KC舱外机动装置工艺的样机，同时开始发布工厂和跨部门产品试验的工作文件，并开始调试专用试验台。

　　21KC舱外机动装置是一种带有动力装置的自主系统，供宇航员在舱外活动时使用并为他们在开放空间中的运动提供保障。宇航员可以使用它在航天器上来回移动并进行工作，而不再需要借助航天器表面的安全带、扶手或脚套。在轨道站上使用舱外机动装置，能够提高

21KC 舱外机动装置的样机

开放空间中的安装工作、修理维护工作、科研工作、军事目的行动和
救援行动的效率。

　　21KC 舱外机动装置被设计成背包样式，从背面覆盖住"海鹰"
航天服。它有独特的结构确保航天员可以独立将航天服安装在装置
上，同时在不取下航天服连接的情况下进入航天服或对航天服进行维
护。21KC 舱外机动装置的转动伸缩杆上装有线性运动控制器（左操
纵台）和转动控制器（右操纵台），转动伸缩杆在工作状态时可以抬
平，在运输状态或存放于轨道站上时可以收下去。

　　1988 年 11 月，苏联方面进行了 21KC 舱外机动装置的跨部门试
验，参与其中的有"能源"科研生产联合体、宇航员训练中心、空军

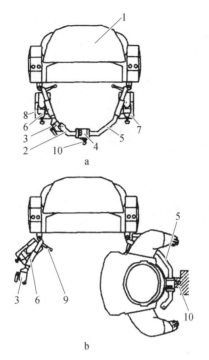

21KC 舱外机动装置与航天服的连接示意图（俯视）

图注：1——舱外机动装置上部；2——腰部隔框；3——应急锁扣；4——中央锁扣；5 和 6——隔框的左右部分；7 和 8——手动控制操纵台；9——航天服固定销；10——舱外机动装置固定销。

和国防部的代表人士，以及准备在"和平"号轨道站上执行相关任务的宇航员 A. A.谢列布罗夫（А. А. Серебров）和 A. C.维克多年科（А. C. Викторенко）。通过测试人对自身位置，对运动参数、线性加速和角加速参数、速度参数、自动稳定准确性的直观评价，确定了装置的控制能力。还测试了不同控制模式下的操作，包括异常情况下的操作。试验中 21KC 舱外机动装置共进行了 31 次水下实验室测试、32 次飞行实验室测试以及多次宇航员试穿、练习。

　　21KC 舱外机动装置的基本数据为：单次舱外出动的自主工作时

（左）21KC 舱外机动装置，照片中展示的是内部结构，隔热外壳已被取掉。（右）苏联宇航员正穿着"海鹰"航天服及 21KC 舱外机动装置进行训练。

间不少于 6 小时；可用于出舱的总次数不少于 15 次；特征速度——30 米/秒；允许的最大移动速度——1 米/秒；转向时的最大角速度——达 10 度/秒；自动稳定精确性——±0.5—5 度；飞离航天器的最大距离——能够离开"暴风雪"航天飞机 100 米，配备保险索时能够离开"和平"号轨道站 60 米；装置质量——不大于 180 千克。

1989 年 11 月 26 日，"量子-2"号舱携带着 21KC 舱外机动装置及其站载测试设备，被发射到"和平"号轨道站上。为了防止出现意外（"和平"号轨道站无法进行"细致"机动来拯救宇航员），在后来的 21KC 舱外机动装置实物试验中，使用了专门的保险绞盘和高强度合成材料保险索把宇航员和轨道站连起来，保险绞盘随动系统会以最轻的力道收放保险索，不对宇航员的舱外运动造成什么影响。当宇航员穿戴着舱外机动装置从气闸舱出去后，保险绞盘才被固定在机动装置隔框上。

1990 年 2 月，宇航员 A. A.谢列布罗夫和 A. C.维克多年科从和平号轨道站的"量子-2"舱出发，完成了 21KC 舱外机动装置的飞行-结构试验。A. A.谢列布罗夫利用装置飞行了 40 分钟，飞到了距离轨道站 33 米远的位置；A. C.维克多年科利用装置飞行了 93 分钟，飞到了 45 米远的位置。两位宇航员对 21KC 舱外机动装置的技术性能和人体工程学设计给予了很高的评价。试验证明，舱外机动装置可以用于离开航天器表面的各类工作。

第十章 "能源-M""能源-2" 与 ЭП-86 "火山" 试验设计工作

第一节 "能源-M"火箭

20 世纪 70 年代末，在超重型 H-1 火箭的项目下马后，苏联开始另行研制"能源"超重型火箭。它的首次发射是在 1987 年，而 1988 年它将"暴风雪"航天飞机送入了太空轨道。当这种火箭使用 4 个助

"能源-M"火箭

推级时，可将100吨载荷送入低轨道。20世纪80年代末，苏联方面在"能源"火箭的基础上设计出了一系列推力各不相同的火箭，包括"能源-M""能源-2"以及"火山"火箭（"火山"运载火箭其实就是8个助推级的"能源"火箭，能够将200吨的载荷送入低轨道，还可运送载荷去月球和火星），其中只有"能源-M"从图纸设计变为了实物。

"能源-M"火箭在设计上所使用的发射架成套设备与"能源"火箭是兼容的，为了验证这种技术上的通用性（当然也为了进行其他各种测试），在专用建筑中组装和安放了全尺寸技术模型，它十分高大，并且安装有芯级火箭发动机。1991年12月25日，这个技术模型被推上过发射台，然而两天后又被推回了动力学试验台所在的专用建筑。之后随着滑动门的关闭，火箭的研制工作再也没有恢复。

"能源-M"火箭是作为"质子"运载火箭（"质子"运载火箭使

"能源-M"芯级的火箭发动机

它是一台使用液氢液氧的РД-0120，真空推力190吨，大气推力147.6吨。安装在技术模型上的РД-0120发动机，编号为N5251231155（这台发动机也有可能是技术模型）。

用的燃料是"脏"的）的替代品而研制的，它的运载能力是"质子"
火箭的 1.5 倍。按照设计，它能够将达到 35 吨的有效载荷送入近地
轨道，能够将达到 6.5 吨的有效载荷送入地球同步轨道，还可以将 12
吨的载荷送上月球轨道。

"能源-M"火箭的芯级由燃料罐组成，并且分为 4 个舱体，即转
换舱（有效载荷舱）、罐间舱、尾舱和发动机舱。在最上部的转换舱
处装有整流罩（起一个加强作用），在罐间舱内放置有控制装置和遥
测装置。芯级连同整流罩在内高 50.5 米，直径为 7.7 米。

"能源-M"运载火箭放置在"Я"形的发射-对接装置上

该装置即火箭下方白色的支撑板，两边的开槽类似俄文字母 Я。这个装置起
的是下部强力支撑板的作用，并且固定着（两个）助推级。通过这种方法，
火箭在运输-安装设备上的移动和在发射台上的垂直起竖就得到了保证。这
个装置也有着保护作用，它能够在火箭发射时避免主发动机的喷流递过来对
火箭本身造成不利影响。氢、氧、煤油、氦、氮气、氟利昂、转向传动装置
油和压缩空气都是借助发射-对接装置加注。

第二节　ГК-175"能源-2"多次
使用航空航天系统

1. 概念

多次使用型的火箭-太空运输系统在结构上与单次（使用的）火箭的区别就在于，它具有从轨道返航和进行轨道入轨所需的保障设备。"能源-暴风雪"系统在科研、工业-技术和试验上的巨大潜力，为苏联新型多次使用航空航天系统的研制创造了客观前提。

苏联以"能源-暴风雪"系统为基础的多次使用火箭-太空运输系统，其最初的完整方案是由下列概念构成：由 4 个 А 组件构成的"能源"第一级，具有降落伞系统。А 组件，在路径上工作满计划时间后，以并联组件形态（呈并联状态）从 Ц 组件（第二级）上脱离——过后一段时间，再由并联形态分离为相互独立的组件。在进入大气层时，组件首先启动制动格栅，然后启动预备格栅和主伞，在软着陆保障系统的支持下，以减震支架落地。之后组件在运输状态下，借助可移动装置从着陆区被运往预防检修-翻修区域。

不过，由于最初方案中 А 组件的返回保障系统结构复杂，所以这一系统还不具备彻底的（完全的）多次使用性。于是后来出现了有翼面滑翔降落、使用"暴风雪"航天飞机跑道落地的方案。在新方案中，А 组件的设计被重新审视，其直径变为和 Ц 组件一样：研制与 Ц 组件同样规格的 А 组件不算是一项特别复杂的任务——只要解决第二级组件从轨道滑翔飞行返航的问题即可。在第一级组件的方案中也会采用类似的有翼面设计，这是考虑到飞行时的热状态控制，从而降低返航的难度。并且与 Ц 组件规格相同，有翼面的 А 组件可以不需要以前那种用在第二级组件上的隔热层。

该计划对苏联方面具有非常大的吸引力，然而计划最终能否实现还是取决于Ц组件的工作状况。所以苏联方面确定了以"能源"火箭芯级和"暴风雪"航天飞机为基础,先集中研究大尺寸有翼面第二级组件的方向,并将此作为提高组件多次使用性的过渡阶段。

就如同上面提到的那样,过渡阶段的航空航天系统借用的是"能源-暴风雪"系统的技术,由重新研制的多次使用航空航天器、地面的发射准备-发射执行设施及飞行控制设施组成。货运版本的运载器分为两级,第一级仍为4个不带翼面的A组件,第二级则打算采用还在研制的大尺寸有翼面第二级组件。

完全形态的ГК-175多次使用航空航天系统(上)与过渡阶段的ГК-175多次使用航空航天系统(下)

过渡阶段的ГК-175多次使用航空航天系统采用"普通"型的A组件(源自"能源"火箭)和有翼面的Ц组件相结合的方式运行,搭载的应是一颗战斗卫星,并且Ц组件有效载荷隔舱可以缩短。

A 组件上打算使用真空状态下推力达到 850 吨的发动机，以液氧、碳氢化合物为标准推进剂。第二级上打算使用真空状态下推力达到 230 吨的发动机，以液氧、液氢为标准推进剂。发动机源自"能源"火箭，经改进后，将具备一定的多次使用性，得到一定程度的强化。此外还预计，对这些发动机的改进将会为有效载荷的提升提供余度。

苏联方面设想的系统弹道入轨方式为：由地面发射——飞出大气层——第一级组件工作完毕后脱离，第一级组件在速压值降低到 130 千克/平方米以下后降落；第二级在主发动机作用下进入 110/200 千米椭圆轨道——第二级在被动飞行 40 分钟后，进入圆形轨道。两级系统采用的弹道飞行方式和末段入轨方式能够发挥火箭-运载器的最佳性能，并可增加 8% 的有效载荷。

第二级在脱离轨道时，将使用辅助发动机装置产生的制动脉冲（70 米/秒）。在大气层段，制导降落和必要的机动将由空气动力部件（与"暴风雪"航天飞机上的空气动力部件类似）来实现。

正常情况下，第二级在轨道上卸载太空器后，将绕轨运行一圈，然后开始返航着陆。如果出现非标准飞行状况，那么第二级将延长在轨道上的飞行时间——绕轨运行两圈后，在备用机场着陆。

对于方案主要数据（这些数据适用于上述弹道方式）的分析表明：在第二级因装配空气动力着陆部件而最终质量加大，但同时又保有第一级的 4 个 A "能源"组件的条件下，系统两级的质量最佳配置需要通过减少第二级的燃料携带量来达成——相比原先"能源"火箭芯级的燃料携带量，减少到了 220 吨。并且还需要降低第二级所用发动机的总推力。由于有翼面第二级的发动机数量从 4 台减少到了 3 台，辅助发动机装置得以安装在第二级上，用于在入轨段进行支撑轨道入轨，进行其后的轨道脱离，以及飞行被动段的控制和稳定。燃料携带量的减少腾出了 610 立方米的空间，以用作有效载荷隔舱（"暴

风雪"航天飞机的有效载荷隔舱为 350 立方米）。带有有效载荷隔舱
的第二级本体，在外形尺寸上和"能源"火箭芯级相同。为了使用现
成的"能源-暴风雪"系统的生产-技术设备、试验基地和地面设施，
在研制时，有翼面第二级的直径就和"能源"火箭芯级的直径保持了
一致。为了实现第二级的飞行着陆，安装的是源自"暴风雪"航天飞
机的空气动力部件：机翼、垂直尾翼、平衡襟翼、着陆装置、起落
架，以及控制航空着陆装置的液压系统和设备。

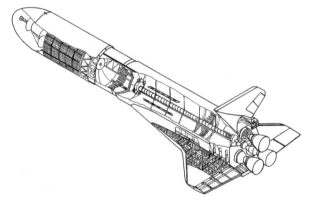

由"能源"火箭第二级发展而来的多次使用组件——ГК-175 系统的 Ц 组件

苏联方面通过理论研究和试验研究〔在中央空气流体力学研究院
（ЦАГИ）进行了模型风洞试验〕发现，第二级（长度 60 米，采用方
案中设计的标准直径）在高超音速和跨音速飞行时，压力中心位移
大，需要加装额外的装置（例如在第二级前端加装跨音速飞行条件下
才被推出的水平翼和垂直翼）来保持均衡。不过在后续的相对长度研
究和气动布局研究中又找到了出路，使第二级的均衡性达到了能够接
受的程度，在所有飞行条件下都不再需要额外的装置。

带有随航设备的仪器舱位于第二级的前端，而氧化剂罐位于燃料
罐下方以维持前端重心。翼面的布局方式也考虑到了重心和平衡性的

维持要求。

最后得到的第二级空气动力布局配置为：机翼面积 296 平方米；翼展 26 米；机翼后掠角 45 度；升力面单位荷重（就是翼载的意思）355 千克/平方米（"暴风雪"航天飞机的升力面单位荷重达到 372 千克/平方米）；高超音速飞行条件下迎角为 18 度时，升阻比为 1.6，迎角为 40 度时，升阻比为 1—1.22。跨音速飞行条件下的升阻比为 2.5—5。着陆时速度为 340 千米/小时，侧向机动距离 1 250 千米；着陆时的最高温度值，组件前端（机身前端）和机翼边缘为 1 500 摄氏度，组件迎风面（机身迎风面）为 1 170 摄氏度，组件背风面（机身背风面）为 180—300 摄氏度；着陆质量为 100 吨。

可活动的有效载荷隔舱位于第二级前部，有效载荷以共轴方式布置，通过托架连接在第二级本体上。为了满足第二级在降落段的空气动力要求，采取了改变 Ц 组件长度的关键办法。在入轨并卸载掉有效载荷后，有效载荷隔舱（整流罩）将收缩到氧化剂罐部分，随之第二级的长度也将由 60 米缩短到 44 米。

采取有效载荷隔舱（整流罩）收缩的方式可获得一系列益处：改善第二级的重心位置性能；在飞行中不再需要抛弃前端整流罩；能够让隔热物和防热包覆层在氧化剂罐部分得到使用。

卸载有效载荷时，第二级的前端将作为舱门打开并抬起 90 度（与第二级的中心轴线呈 90 度）。在有效载荷隔舱（整流罩）向氧化剂罐部分收缩的同时，舱内的有效载荷将被推出。

为保护第二级的迎风面（机身迎风面），打算采取两种防热措施：第一种为不可烧蚀的多次使用包覆层，第二种为主动冷却系统。

不可烧蚀的多次使用包覆层由两层构成。上层（外层）为不可烧蚀温度层，主要材料为带有保护包覆物（以热塑性玻璃为基础材料）的碳化玻璃钢；下层（内层）称为绝热层，主要材料为半硬纤维塑料（由氧化硅织物衬里的耐高温材料组成）。

　　主动冷却系统为多层配置。除了不可烧蚀温度层和绝热层（即上段内容描述的东西），还包括带主动系统的下层（内层）——主动系统会随着巨大的内效应进行分解，并保证长时间受热条件下的散热达到所要求的程度。防热层将借助机械安装到第二级壳体上。

　　第二级背风面（机身背风面）的防热材料打算采用 ТЭМП-1 半硬纤维塑料。

　　在有效载荷隔舱前端，机翼前边缘和垂直尾翼前边缘打算安装碳-碳复合材料构件。

　　辅助发动机装置打算使用 12 台小推力液体燃料发动机，以液氧-煤油组分为燃料，液氧取自第二级的主要燃料罐。

　　在标准条件下的主动飞行段，多次使用系统应依照优先级完成下列任务：

　　——进入计算的轨道，完成整个发射计划。

　　——进入"单圈"轨道分离有效载荷，之后返回发射区域内的着陆设施。

　　——在速压值为 1—3 千克/平方米、纵向载荷因数为 0.3—0.4［考虑到第二级发动机的深度节流（能力）和之后返航的需要而得出］的条件下，第二级在"单圈"飞行中卸载有效载荷。

　　在非标准飞行条件下，系统的运作将与载人的"暴风雪"航天飞机有所不同。基于众所周知的原因，不会让系统选择位于飞行路线上的众多迫降机场进行着陆，而是打算以尽量减少损失为原则，研制紧急着陆系统。不过在系统的高度可靠性之下，这种情况将会是小概率事件。

　　此后利用数学仿真方法和空气动力学数据库，模拟了第二级在安-225 飞机上的水平飞行试验，模拟了第二级被抬升至 7—8 千米高度并被投放进行独立飞行的试验。研究了第二级与（安-225）飞机进行连接飞行时的空气动力学特征，第二级与（安-225）飞机分离的过程以及此过程中各个部件的相互影响，乃至第二级在标准下滑航迹条件下的着陆。模拟试验的结果明确了第二级上机进行试验的各种条件，以及对于协调控制系统的要求。

总之，苏联方面通过一系列对"能源-暴风雪"系统的试验工作，让多次使用系统的完全实现已经具备基础。

2. 设计研究

在设计工作的初始阶段，苏联方面曾对比过三种不同类型的 Ц 组件空气动力布局：第一种与"暴风雪"航天飞机相同，外翼面积 180 平方米；第二种在外形上与"暴风雪"航天飞机类似，外翼面积 250 平方米；第三种为 60 度大后掠角设计，外翼面积 300 平方米，并带有边条。这些布局在高超音速和达到 4 马赫超音速条件下的空气动力学特征，通过"高空"应用程序包（此应用程序包由"能源"科研生产联合体研制）的"能源-2"程序模块来计算确定，在 4—4.1 马赫适中速度条件下的空气动力学特征则通过"罗盘"程序包（此程序包由中央空气流体力学研究院研制）来计算确定。

在初始阶段，另外一项主要工作是研究制造高性能无缺陷"板状"技术防热层（应就是隔热瓦）的可能性——其所需的劳动量和造价将不低于制造"暴风雪"航天飞机防热层和美国航天飞机防热层的成本。为了拓展可用防热材料的种类，在设置降落段运动条件时，对第二级本体"圆柱"部分的温度值做了限制，即不高于 1 170 摄氏度。

并行的设计工作表明，返回组件（第二级）连同航空着陆装置的重量其实和"暴风雪"航天飞机的重量差不多。在寻找合理气动布局的过程中发现，要维持和保证设定的温度状况、侧向机动、下滑航迹和降落时的着陆速度，将外翼面积保持在近似"暴风雪"航天飞机外翼的程度上即可。

出于上述理由，在接下来的 Ц 组件外形优化中也秉持了最大化利用"暴风雪"航天飞机航空装置的原则，其中包括外翼、升降副翼、垂直安定面及其他部件。

　　然而在后续的计算和试验中发现，按设定的重心，（完全长度之下的）第二级实际上无法在高超音速和跨音速飞行条件下以及着陆时维持纵向通道内的均衡状况。于是得出了必须减小第二级长宽比和提升襟翼效能的结论。另外，在第二级以完全长度进行超音速飞行时，其航向稳定性的问题实际上也是无法得到解决的，问题的出路还是在于减小长宽比。可改变长度的第二级，其在入轨段时的长宽比为 7.6；而当其从轨道脱离并进行收缩后，长宽比将变为 5.7，相应的空气动力问题也就得到了解决。

　　之后针对设计上所采用的布局，中央空气流体力学研究院内进行了 0.6—10 马赫条件下的 1∶200 模型风洞试验，和 0.4—4 马赫条件下的 1∶50 模型风洞试验。全面研究了控制装置（升降副翼、襟翼、垂直安定面和阻力板）的效能。得到的结果是：在纵向通道内、在所运用的迎角下及整个马赫数范围内，设计上所采用布局的升力、空气动力性能和力矩特性满足对于稳定性和操控性的要求。在临近着陆或着陆条件下，其力矩特性按迎角呈线性，其控制装置的效能不亚于"暴风雪"航天飞机上的同类装置，经过进一步改进的襟翼的效能甚至还高出 1.5—2 倍。带有阻力板的小后掠角垂直尾翼（规格与"暴风雪"航天飞机的垂尾相同），保证了组件（机身）在倾斜条件下和侧向通道内的空气动力性能，不过方向舵和阻力板的效能不及"暴风雪"航天飞机上的同类装置。

　　设计研究的最终结果表明，带有外翼、垂直尾翼、空气动力控制装置（除了襟翼，均源自"暴风雪"航天飞机）并可改变长度的第二级的性能，在脱离轨道后返回的任何阶段，包括着陆阶段，均能满足对于路径、稳定性和操控性的要求。第二级在热负荷条件下的表现将不亚于"暴风雪"航天飞机，并且相比"暴风雪"航天飞机，其防热措施所占的比重还更少。在起飞质量为 2 300 吨的条件下，运载器

（第二级为有翼面的 Ц 组件）的有效载荷质量大约将是"暴风雪"航天飞机系统和美国航天飞机系统有效载荷质量的 1.5 倍，且发射后不会在轨道上留下太空垃圾。

至此，苏联实现多次使用型系统的第一步已经完成，剩下的就是第二步——研制更加有效的 A 组件了。

3. 有翼面返回式助推级及后续

随着"能源-M"火箭的出现，苏联方面研制有翼面 A 组件的想法也开始"浮出水面"，即计划研制一种既能用于"能源"火箭之上，也适用于"能源-M"火箭的通用型有翼面返回式助推级。

随后进行了一系列研究以确定制造多次使用型 A 组件的可能性，其中主要的工作是对于 A 组件升力面的分析——升力面的作用是保证 A 组件在大气层中"如飞机一般"飞行和返回着陆。对比了不同类型的升力面：从格栅到大翼面再到小展弦比，最后的结论是大展弦比折叠翼和折叠尾翼最符合计划的需要。采用大展弦比折叠翼和折叠尾翼，一方面是为了让 A 组件在"组合"工作条件下（即第一级和第二级未分离，作为一个运载器整体工作的情况下）的性能不会受到影响；另一方面又是为了保证亚音速飞行条件下折叠翼完全展开后的高升阻比（达到 17—19），和组件不使用机翼副翼-增升装置条件下着陆时的高承载能力。

按照计划，新的 A 组件将是张臂式上单翼机，其具有下列特点：机翼中翼绕轴旋转时的外廓尺寸不超过 6 米（受限于 A 组件作为运载器组成部分的配置条件）；V 形尾翼（可）顺着机身中轴线折叠，借助锁扣装置固定在中翼上方；起落架主支柱（可）折叠在机身整流罩内；用于调整姿态和制动的空气喷气发动机安装在机身前端（另一个方案是在组件质心处的挂架上安装空气喷气发动机），处于专用整流罩内部，采用正面进气道进气，两侧喷气的方式工作（通过控制两边的喷射流量来控制姿态）；空气喷气发动机的煤油燃料罐也安装在机

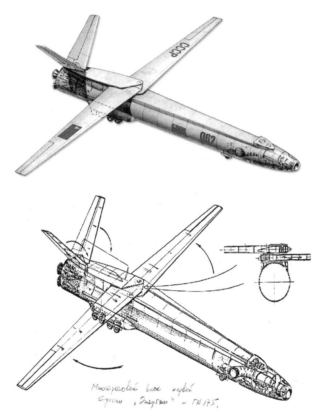

ГК-175 系统的有翼面第一级——多次使用型的 A 组件

图中标明了折叠翼和折叠尾翼的展开方式和方向，前端安装有空气喷
气发动机。

身前部；在展开状态下，机翼展弦比为 15，渐缩比（根梢比）为1.5。
在机翼布局中采用了高承载翼型，相对厚度为 17％。为了减少机翼
根部截面的弯曲矩，即增加机翼的有效载荷，采用了根部截面几何扭
转的方法，扭转角为 6 度。在升力系数 0.7、马赫数 0.25 的条件下，
可达到最大的升阻比值。

　　此外，还使用 REBWJN 程序对 A 组件机翼和垂直尾翼进行了优化。

同时，对机翼和垂直尾翼上所使用的两种基本复合材料也做了研究：

——一种是基于 КМУ-8 碳纤维的复合材料，它用于制造 A 组件的翼肋、（机翼）大梁和预制板件。

——另一种是 01450 铝锂合金，它用于制造翼盒的主要部件。

通过研究发现，如使用 КМУ-8 复合材料制造垂直尾翼，可使垂尾的结构质量减少 16％。

有翼面 A 组件飞行返回发射场地，是复杂的技术课题，因为在与 Ц 组件分离后，A 组件的弹道飞行距离将达到 300 千米，飞行高度将在 80 千米以上，并且只有在 Ц 组件进入大气稠密层后（高度低于 30 千米）才可以实施对于飞行路径的控制。为了解决这一课题，制定了如下方案：

——在进入大气稠密层的第一阶段，采用小航迹倾角（小弹道倾角）飞行，以使航迹（弹道）更加"缓和"。〔如果在此阶段采用 25—30 度的航迹倾角（弹道倾角），会造成大速压值。〕

——第二阶段，在"承受"了速压值峰值后，采用大倾角和大升力角，迅速转向发射场地。

——第三阶段，借助高升阻比，以亚音速飞行返回发射场地。

该方案也可以在宏观上划分为：

——高空飞行段，高度在 50 千米以上，存在微小空气动力。

——转向段，组件在转向发射场地的同时，其飞行速度和飞行高度大幅降低。

——降落段，以低马赫数在发射场地进行着陆。

在研制 ГК-175 系统有翼面返回式助推级的同时，制定了改进 РД-170 和 РД-0120 发动机的计划：首先是提高它们的可靠性，然后是增加推力和改善其单位特性。不过在初步工作中发现，РД-170 发动机虽具有改进潜力，但这个潜力并不会带来实质上的改变：性能提

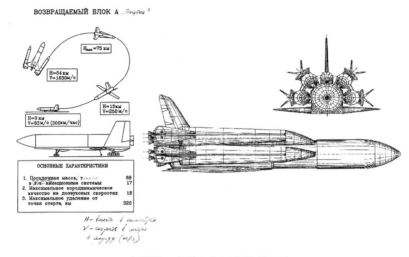

有翼面 A 组件如何返回发射场地

图片下方的手写内容为：H＝高度，单位千米；V＝速度，单位米/秒。
黑框内的文字内容为：1.着陆质量68吨，其中航空系统17吨；2.亚音速飞行条件下的
最大升阻比为18；3.与发射点的最大距离（也就是组件的最大飞行距离）为320千米。
上方图示中的内容为：A组件与Ц组件分离时，高度＝54千米，速度＝1630米/秒；A
组件的最大（飞行）高度＝75千米；A组件机翼展开后，飞行高度＝15千米时，速
度＝250米/秒；A组件着陆时高度＝0千米，速度＝83米/秒（300千米/小时）。

升只有1%—2%。于是另外的改进方案被提出，即只对发动机部分
关键结构进行优化。后来经过一定改进的 РД-170 发动机得到了新名
称——14Д20。对 РД-0120 液氢发动机则进行了阶段性改进，通过
加工提高了它的使用寿命，使其能够符合 Ц 组件的多次使用要求。
在没有采用特殊加工方法的情况下，发动机强化率达到了11%，加
装了伸缩喷嘴以提升真空条件下的单位推力。改进后的 РД-0120 发
动机被称为 14Д12。

当 ГК-175 系统使用 14Д20 和 14Д12 发动机时，可将 40 吨的有
效载荷送入支撑轨道，其控制系统打算直接使用"暴风雪"航天飞机
的控制系统，只不过程序软件将会是重新研制的。

最终，ГК-175 系统的整套设计方案由设计师集体，包括 В. Н. Лакеев、В. П. Клиппа、А. Н. Бабинцев、Ю. А. Михеев、И. И. Иванов 和 А. Г. Решетин 等人制定了出来。苏联方面研制 ГК-175 系统的目的不言自明：首先是为了重复使用，降低制造成本和发射成本；其次是为了满足高强度的航天发射需要，这一点在冷战环境下和预想中的战争条件下对于苏联具有特殊的意义，即要能比敌人更快更多地将有效载荷（各种卫星、各种太空武器或货物补给）送入太空。

苏联解体后，洛克希德公司在 20 世纪 90 年代也设计过一种飞返式液体助推器，但历史总是充满讽刺：他们使用的是苏联制造的发动机，和 ГК-175 系统上所使用的是同一种东西，都是"能源-暴风雪"系统的发动机。

第三节　ЭП-86"火山"超重型火箭试验设计工作

根据 1981 年苏联政府层面做出的决议以及 1982 年 7 月管理总局下达的技术任务书，"能源"科研生产联合体曾在科学研究五年计划框架内编制过"火山"超重型运载火箭的技术建议书。

"火山"超重型运载火箭与"天顶"、РЛА-125、"能源-暴风雪 Т"火箭一样，是苏联通用系列运载火箭中的一种，它们都采用统一的主发动机和通用的组件及其主要系统。"火山"超重型运载火箭由 8 个第一级组件（也称为 А 组件，它们以"能源"运载火箭的同名 А 组件为基础开发）、芯级（也称为第二级、中心组件或 Ц 组件，直接源自"能源"运载火箭的中心组件）、发射-对接组件（为新开发的 Я 组件）和根据不同需要配置的头部组成。

"火山"超重型运载火箭的发射质量为 4 747 吨。向 200 千米高度的轨道送入载荷时，若倾角为 50.7 度，则有效载荷量为 200 吨；若倾

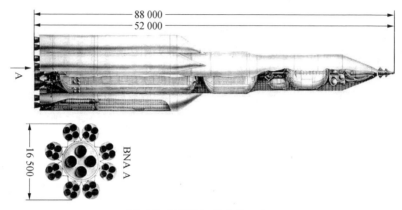

"火山"超重型运载火箭示意图

角为 97 度，则有效载荷量为 172 吨。利用"维苏威"助推组件向地球同步轨道送入有效载荷时，运载量为 36 吨。向月球人造卫星轨道的运载量为 43 吨，并能够将 52 吨的有效载荷送入飞向火星的轨道。

"火山"超重型火箭的 A 组件按照四条抛物线成对地连接在 Ц 组件上，A 组件上没有返回装置及相关部件。与"能源"火箭的同名 A 组件相比，"火山"超重型火箭的 A 组件由于具有 7 米长的圆柱插入段（补充段），燃料罐容积变得更大。"火山"运载火箭放置在发射装置上时，它的每个 A 组件通过两个支撑面架在 Я 组件上，而"能源"火箭的同名 A 组件则是以四个支撑点架在 Я 组件上，因此苏联设计师修改了"火山"运载火箭 A 组件尾舱的结构。"火山"超重型火箭所有的 A 组件都可以分为两组，抛物线左边的为一组，右边的为另一组，它们几乎完全相同，唯一的区别是飞行末段抛物线分离装置、连接 Ц 组件的承力部件的布置方式不同。"火山"火箭每个 A 组件的发射质量为 449.2 吨，结构质量 573 吨，燃料工作储备 386 吨（其中 278.8 吨为氧化剂，107.2 吨为燃烧剂），长度 46.5 米。

A 组件试用得到强化后的 РД-179（14Д20）发动机，地面推力达到 860 吨，真空推力达到 937 吨，相应的比冲数据分别为 308.5 秒和 336.2 秒。

"火山"火箭的中心组件与"能源"火箭 Ц 组件的不同之处在于，罐体圆柱部分共增加了 15 米并更改了氧化剂罐上方头盖的样式，采用了新的过渡舱，以圆柱裙筒替代了 РД-0120 发动机整流罩，罐体内的装置包括通路管线在内，采取了对称布置。

"火山"运载火箭的 Ц 组件发射质量为 934 吨，结构质量 89.7 吨，燃料工作储备 832 吨（其中液氧 713 吨，液氢 119 吨）。试用得到强化的 РД-0120 发动机，地面推力 175 吨；真空推力 200 吨；地面比冲，带喷嘴插入段（补充段）时为 396 秒，真空中为 454.9 秒。Ц 组件的罐体舱长度为 63 米。

"能源"火箭 Ц 组件的 РД-0120 发动机配备有整流罩

　　火箭的生产综合体，包括在拜科努尔的生产综合体，被苏联方面完全地保持下来，按照对待"能源"号火箭那样的原则在组装试验工段配置相应装配架设备。在古比雪夫市"进步"工厂建造的组装大楼曾预先考虑到了在这一基础上制造 Ц 组件的所有罐体和其他外形尺寸部件。"火山"运载火箭加长 A 组件的制造工作曾计划在鄂木斯克的"飞行"联合体进行。

　　"火山"运载火箭的发射只能在通用综合试验发射设施（УКСС）上进行。苏联方面在建造通用综合试验发射设施时，就已考虑到了"火山"火箭的基本外形尺寸，以及主发动机工作时气流的热-气强度。

"火山"超重型运载火箭起飞的设想图

若苏联没有解体，或许火星载人航天飞行并不是距离人类
十分遥远的事。

第十一章　米亚西舍夫与单级
多次使用空天飞机

　　1976 年 2 月 17 日，苏共中央委员会及苏联部长会议通过了第 132—51 号决议，决定建立多次使用航天系统。它包含助推级（运载火箭）、轨道飞机、轨道间飞船、控制系统成套设备、发射-降落设备，拥有维修-恢复综合体及其他地面设施作为配套，能够将质量达到 30 吨的有效载荷送入高度 200 千米的东北轨道并携带质量达到 20 吨的有效载荷返回地面……简而言之，这就是苏联航天飞机项目以文件形式确定下来的最早源头。

　　在 45 年后的今天，包括不少俄罗斯人在内的许多人仍在为"暴风雪"号航天飞机的利弊进行着激烈争论，他们中的大多数都倾向于认为，那个在 1988 年已成为现实的方案即是最完美的方案，除此之外再无其他。然而人们却不曾知晓，在久远的当年其实还存在着另一个更加大胆、更具颠覆性的前瞻方案，它甚至曾有那么一点点可能大大改变世界航天技术的发展和世界历史的走向，这就是米亚西舍夫 ТП-88 试验设计工作框架下提出的 МГ-19 核动力空天飞机。

　　1966 年，历经曲折的米亚西舍夫重建了自己的独立设计局，当然规模比先前要小了不少，他的主要工作也是研究附面层控制系统之类的事。不过，这位设计师很快就恢复了一贯的"迅猛"姿态，提出了一系列短距起飞飞机、垂直起飞飞机、针对高空气球的飞机-截击机等方案，到后来还参加了新型战略轰炸机的竞标（图-160 战略轰炸机能够出现，实际上有米亚西舍夫的巨大贡献）。

　　1974 年，米亚西舍夫在"冷-2"综合项目（Холод-2 项目，旨在

晚年的古尔科与桌面上展示的 МГ-19 核动力空天飞机模型

研究"冷"氢化燃料和空天飞机）的范围内开始着手空天飞机的方案
研究（方案代号 19），但他很清楚，这将是一项长期的工作，特别是
当时的空天飞机还存在着先天性不足，即总效率低于运载火箭。而这
一问题必须通过材料学上的革命性突破才能得到解决。不过，米亚西
舍夫之后在 О. В.古尔科 ［О. В. Гурко，领导着第 50 中央科学研究所
（即航天军主要研究所）的研究组］那里找到了通向未来的出口，即
使用核反应堆发动机作为空天飞机的推进装置，空天飞机也因此被命
名为 МГ-19，字母 М 代表米亚西舍夫，字母 Г 代表古尔科。

米亚西舍夫对于 МГ-19 的总体设计和构想是：

在起飞段和初始加速段，500 吨级的空天飞机作为一架带有闭路
循环发动机的核动力飞机运作，并以（液）氢作为反应堆的载热剂向
10 台涡喷发动机（每台推力 25 吨）进行传热。之后随着速度和高度
的增加，（液）氢开始被输送至涡喷发动机的加力燃烧室，之后再被

输送至冲压发动机。到最后，在 50 千米的高度上，在达到 16 马赫以上的飞行速度时，启动推力 320 吨的核火箭发动机，携带着 40 吨的有效载荷前往高度 185 千米的环形工作轨道。也就是说，МГ-19 是核动力飞机和核动力火箭的结合体。

空天飞机由轨道降下时，可再次切换为核动力飞机模式，以便直接返回基地或是根据任务需要进行大气层内机动，而在有必要时，它也能够采取"反复"模式——在大气层内进行机动，而后再度借助核火箭发动机飞入太空轨道（换言之，气动性能优越，具备极大的军事价值）。

在减少有效载荷的条件下，空天飞机能够到达近地轨道的任意一处，或是到达近月轨道。

空天飞机使用液氢作为反应堆载热剂和核火箭发动机工质，也兼顾解决了另一个问题——安全性，这是由于液氢在反应堆中不会被放射性化，因此放射性污染便不会发生。

为了避免空天飞机因事故坠落并污染地面，带有环绕保护装置的反应堆壳体能够经受各种挤压碰撞，并在 300 米/秒速度条件下与地面撞击时不丧失密封性，这已大大超出了任何事故条件下任意高度下坠而来的碎块的速度。

假如一切顺利的话，按照米亚西舍夫的规划和进度，这项 20 世纪 70 年代中期已开始的研究，在 80 年代初就应能够初见端倪——具备制造核动力发动机飞行试验平台和试验型超音速运载器的可能。而在 80 年代末，空天飞机的量产样机就应已经升空。而之后再批量生产出的 10 架空天飞机就已经能够满足苏联数十年的地面-轨道货物运输需要，直至 21 世纪中期为止。在 1974 年对于米亚西舍夫空天飞机研究方案的讨论中，苏联院士 А. П. 亚历山大罗夫（А. П. Александров，苏联著名物理学家，从 50 年代起就开始探索和主持核能发动机及其飞行器的研究，1976—1986 年任苏联科学院院长）就曾说过，符合空天飞机项目要求的核动力发动机量产样机能够在 10 年内制造出来。

　　然而当时苏联的高层却另有想法和打算，尽管米亚西舍夫的革命性方案具有技术可行性，甚至有不小的吸引力，但它却同时要求完成四个方面的技术任务，还需要将它们整合在一起。为了制造 MГ-19 空天飞机，必须要研制出核动力超音速飞机，研制出低温推进剂基础上的超高音速飞机、航空-航天运载器以及核火箭发动机，除此之外还需要有统一的复合结构。而"暴风雪"号方案（就是人们今天看到的那个）只需要解决其中一个任务即可取得成果。"一切从实用性出发"，这或许从一开始就已经决定了 MГ-19 空天飞机方案的结局……

　　1978 年，米亚西舍夫病逝于莫斯科，MГ-19 空天飞机项目失去了"主心骨"，并在缓慢维续了两年之后于 1980 年终止。而苏联的核火箭发动机研究，即使在后续项目中研制出了 РД-0410 这样的核火箭发动机也无力回天，最终在 90 年代解体后的经济混乱和对于原子能利用的诋毁中夭折。MГ-19 空天飞机尚未来得及进入人们的视野，便已成为历史中久远的过去。

　　　MГ-19 核动力空天飞机的数据一览：

　　1. 基本描述　设计：米亚西舍夫设计局。名称：M-19。状况：1974—1980 年项目。类型：航空-航天飞机。机组人数：3—7 人。

　　2. 几何及质量特征　长（除去尾部整流罩）：69 米。翼展：50 米。高：15.2 米。支承系统面积：1 000 平方米。货舱：长度 15.2 米（注：货舱长度数据及其单位似有错误，按容积反推回来后应为 20 米，但这里暂且保留俄语原文数据），宽 4 米，高 4 米，容积 320 立方米。纵向轴距：41.2 米。起落架轮距：20 米。起飞重量：500 吨。可输出载荷重量：最大 40 吨。结构重量：125 吨。燃料（液氢）重量：220 吨。

3. 动力装置　发动机数量：10。发动机类型：组合式喷气发动机装置（加力燃烧室式内外涵涡轮喷气发动机＋高超声速冲压式空气喷气发动机）外加液体火箭发动机（核火箭发动机）。喷气发动机装置推力：$10 \times 25\ 000$ 千克力。核火箭发动机推力：$1 \times 320\ 000$ 千克力。

4. 飞行技术特征　基准轨道高度：185 千米。由轨道降下时的横向（机动）距离：4 500 千米。起飞滑跑距离：2 000 米。着陆滑跑距离：3 750 米。要求的起飞着陆跑道距离：4 000 米。

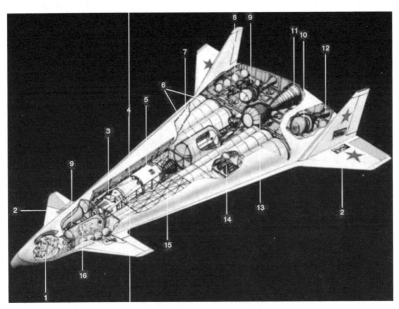

МГ-19核动力空天飞机总体结构详解

按序号依次为：1. 机组舱；2. 定向系统发动机；3. 机械臂；4. 载荷隔舱舱门；5. 有效载荷；6.（液）氢罐；7. 放热板；8. 定向发动机燃料储备（罐）；9. 起落架；10. 轨道机动系统燃料罐；11. 核火箭发动机喷口；12. 轨道机动发动机；13. 带有防护的核反应堆；14. 核-涡喷发动机；15. 结构部件；16. 居住舱。

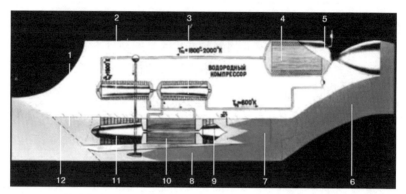

МГ-19 核动力空天飞机反应堆、核火箭发动机及核-涡喷发动机布局详解

按序号依次为为：1. 涡喷发动机；2. 氢涡轮机；3. 氢压缩机；4. 核反应堆；5. 从罐体而来的（液）氢；6. 超高音速喷口；7. 加力燃烧室；8. 超高音速冲压发动机；9. 涡轮；10. 换热器；11. 压缩机；12. 进气道。

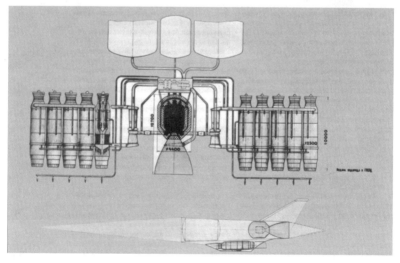

МГ-19 核动力空天飞机的反应堆、核火箭发动机及 10 台核-涡喷发动机布局示意图

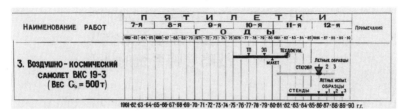

米亚西舍夫对于 500 吨级 МГ-19（19—3）的研制进度规划

最上方的深色横线标明 1980 年制造出技术模型，1982 年制订出技术文件；中间浅色横线标明 1981 年至 1988 年进行数据统计处理，并从 1986 年起陆续制造 1 至 3 号飞机样机；下方深色横线标明 1982 年至 1986 年进行试验台工作，并从 1986 年起陆续进行 1 至 3 号飞机样机的飞行试验。

沃罗涅日"化学自动化"设计局研制出的 РД-0410，是苏联第一种也是唯一一种核火箭发动机

第十二章　TO-90 空军"外形"项目：确定未来空基战略导弹系统的外形

第一节　从无到有

　　苏联对于空射型弹道导弹的研究始于 20 世纪 50 年代末期，由当时的第 385 专门设计局（СКБ-385）负责。1960 年，第一种空射弹道导弹以 P-13 海基弹道导弹（见下图）为基础进行研制，其原型 P-13 导弹于 1956 年开始研制，搭载平台为 629 型及 658 型潜艇，动力为一枚单级液体燃料火箭。包含 P-13 导弹在内的 Д-2 海基导弹系统则在 1960 年正式服役。P-13 导弹的发射质量为 13.6 吨，采用分离式热核战斗部及惯性控制系统，最大射程达到 600 千米。空射版本的 P-13 导弹被命名为 P-13A，其研制工作是在图波列夫设计局的参与下进行的。该型空射导弹被设计装载于飞机外挂架上，在 10—14 千米的高度上进行发射。

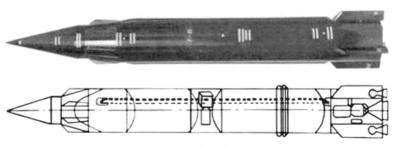

P-13 海基弹道导弹示意图

同原型相比，P-13A 导弹的射程增加了两倍。为了保证导弹脱离载机后的稳定飞行，设计人员在水平安定面的基础上，增补了空气动力面。

有关 P-13A 导弹更进一步的设计工作没有进行，仅停留在图纸原则方案阶段。不过以海基弹道导弹为基础研制空射型弹道导弹的做法，能够降低技术风险和研制成本，缩短新武器研制周期。这种走捷径的做法后来被马克耶夫设计局（КБ имени В. П. Макеева）运用到了其他空射型弹道导弹的研制工作中。

P-13A 导弹的基本数据（参照 P-13 导弹原型的战术技术性能改动而来）：

发射质量——13.6 吨；

空射射程——900 至 1 200 千米；

导弹长度——11.8 米；

水平安定面翼展——1.9 米；

弹体最大直径——1.3 米；

燃料类型——液体燃料；

控制系统类型——惯性制导；

主发动机级数量——一级；

战斗部配置类型——单体；

载机的发射高度——10 000 至 14 000 米。

纵观整个 20 世纪 50 和 60 年代，苏联对空射型弹道导弹的研究工作始终都没超出科研和设计的范围。彼时将空射型弹道导弹变为现实的最主要障碍，是性能低下的机载导航设备、功能局限的弹道导弹控制系统，以及由此导致的较差的命中精度。

然而在 60 年代末期，苏联面临的是来自美国在核武器弹头数量和载具精度上的双重优势。已处于研制完成阶段的"民兵-3"洲际弹道导弹不仅具有相当高的命中精度，其采用的分离式重返载具还带有三枚分导弹头。此时此刻，对苏联方面来说，如何保证己方导弹具备足够的存活性，成为最基本的问题。

解决上述问题的一个途径是将弹道导弹机动部署化，至70年代，苏联开始研制"节律-2C"（Темп-2C）陆基机动洲际弹道导弹系统。而另一个途径则是利用空射型弹道导弹，将战略核武库质量提高到一个新层次。空射型弹道导弹具有其他机动型弹道导弹所不具备的一些优势：首先是导弹载机能够根据预警信号，在敌方导弹来袭之前快速反应并出动；其次是载机于己方国土上空巡航时，比陆基系统机动能力好，生存率高。

20世纪60年代末至70年代初，苏联在技术上实现空基战略弹道导弹系统的先决条件逐步成熟，这些先决条件包括：

1. 研发出了轻型潜射导弹，首先是P-27潜射型中程弹道导弹（1968年），而后是P-29潜射型洲际弹道导弹（1974年）；

2. 掌握了在生产车间进行液体燃料导弹加注和封装的技术方法，并且能够空运这些导弹；

3. 具备了研制发射质量在24吨，配备分导弹头的小尺寸固体燃料洲际弹道导弹的能力；

4. 已经量产和正在研制远程重型运输机（前者为安-22，后者为安-124），这使得苏联拥有大尺寸航空货舱并能通过运输机尾舱实施大质量细长载荷空投；

5. 为潜射型弹道导弹研制了星光导航系统，使机动载具的命中精度有了实质性的提高；

6. 提高了飞机驾驶-导航系统的精确性。

此时，苏联对于空基战略弹道导弹系统的研究、研制分为两个相互竞争的大方向。其一是利用现成的潜射型弹道导弹，将它们装载于亚音速的安-22 和安-124 运输机之上。另一个则是利用新研制的小尺寸固体燃料洲际弹道导弹，将它们配备在超音速的图-144、图-160飞机上。前一个大方向的工作，由 "机械制造" 设计局（负责研制导弹系统，总设计师为 В. П.马克耶夫）和基辅机械厂（负责研制导弹载机，总设计师为 О. К.安东诺夫）联合组建的协作组织负责实施。后一个大方向的工作，由 "南方" 设计局（负责研制导弹系统，总设计师为 В. Ф.乌特金）和莫斯科 "经验" 机械制造厂（负责研制导弹载机，总设计师为 А. А.图波列夫）联合组建的协作组织负责。

由于安-124 亚音速飞机的载重能力超出图-144、图-160 超音速飞机两倍多，因此其运载的空射型弹道导弹具有更大的发射质量与更强劲的战斗部；将现成的或正在研制的潜射型弹道导弹送上改装后的军用运输飞机，可降低开发新导弹系统的技术风险并减少开支。而图-144、图-160 飞机同运输机相比，具有快得多的离场（即收到预警信号后起飞）速度，在机场受到敌方打击的情况下拥有更高的生存性。

第二节　在安-22 运输机及 Р-27 弹道导弹基础上的空基洲际弹道导弹系统方案

1969 年至 1970 年，苏联安东诺夫设计局与中央空气流体力学研究所、自动化系统科学研究所及其他航空工业部下属机构合作，共同完成了安-22Р 空基洲际弹道导弹系统的科研工作。按规划，改装后的安-22 飞机搭载的是 Р-27 弹道导弹。

安-22 重型运输机被用于向机场和野战机场（包括覆盖雪或冰的野战机场）运送大尺寸货物。苏联空军对安-22 飞机的技战术要求是能够运输多个种类的货物，包括洲际弹道导弹、战斗和工程技术装备、封装于集装箱和生产容器中的货物、大尺寸及超尺寸货物，并且能够空投质量达到 20 吨的单体货物。安-22 飞机于 1969 年投入运行，60 吨的大载重量和宽敞的货舱（33 米×4.4 米×4.5 米），使其足以充当空基战略弹道导弹系统的载机。

安-22 远程重型运输机

在 20 世纪 60 年代末已服役的苏联战略弹道导弹中，P-27 弹道导弹（Д-5 潜射型导弹系统）的技战术性能最能满足搭载安-22 飞机的要求。如同其他潜射型弹道导弹一样，P-27 导弹能够在载具处于移动状态时发射，在飞机上也是如此。

P-27 弹道导弹自 1962 年起开始研制，采用液体燃料发射，按规划装备在 667A 型潜艇上。而包含 P-27 导弹在内的 Д-5 潜射型导弹系统于 1968 年正式进入苏联海军服役。P-27 导弹的发射质量为 14.3 吨，射程为 2 500 千米，使用惯性控制系统和单弹头战斗部。由于采用了独特的结构布局，如在燃料罐中"嵌入"了主发动机并去除了未注满燃料组分（即按一定成分比构成的混合燃料）的传统舱体（尾部舱、罐间舱、仪器舱），P-27 导弹具有不大的尺寸（长 9 米，弹体直径 1.5 米）。空基版本的 P-27 导弹在飞机上时依然放置于垂直发射容器内，与它在潜艇上的放置方式相同。由于 P-27 导弹的长度超出了飞机货舱的高度，安-22 飞机必须接受相应的改装，其改装型号为安-22P 飞机，能够装载三枚 P-27 导弹。

Р-27 弹道导弹技术模型

安-22P 运输机的基本数据（参照安-22 远程重型运输机原型的技战术性能改动而来）：

主要研制方——基辅机械厂；

最大载货量——60 吨；

飞行巡航速度——600 千米/小时；

最大起飞重量——250 吨；

在最大载重下的航程——3 100 千米；

升限——10 000 米；

飞机长度——55.5 米；

翼展——64.4 米；

飞机高度——16.8 米；

货舱尺寸——长 33 米，宽 4.4 米，高 4.5 米；

起飞滑跑长度——1 460 米。

Р-27 导弹空射型的基本数据（参照 Д-5 潜射型导弹系统原型的技战术性能改动而来）：

主要研制方——"机械制造"设计局；

发射质量——14.3 吨；

空射射程——2 500 千米；

导弹长度——9 米；

弹体最大直径——1.5 米；

燃料类型——液体燃料；

控制系统类型——惯性制导；

主发动机级数量——一级；

战斗部配置类型——单体；

机上放置方式——垂直、货舱内；

机上导弹装载数——3 枚；

发射方式——垂直发射。

第三节 MAPK 空基洲际弹道导弹系统

20 世纪 70 年代初，苏联"机械制造"设计局与安东诺夫设计局共同提出以整合 P-29 和 P-29P 海基洲际弹道导弹以及安-22 和安-124 远程重型军用运输机为基础，制造空基战略弹道导弹系统的建议。机械制造中央科学研究所的火箭空间领域首要研究所，积极参与了新型机动战略弹道导弹系统建议书的准备工作。

采用洲际射程的弹道导弹，使导弹载机在受己方防空系统掩护的苏联领空内便能对北美大陆实施打击。传统的远程战略轰炸机则不同，因其搭载的巡航导弹不具有洲际射程，所以不得不去面对北美洲强大的梯次防空体系。而空基洲际弹道导弹系统则完全排除了载机在敌方防空火力下被击落的可能。

1972 年，空基洲际弹道导弹系统（MAPK）的科研工作正式开始，该导弹系统包括：

1. 在潜射型弹道导弹基础上制造的空射型弹道导弹；

2. 安-22 载机；

3. 从海基导弹综合系统移植过来的用于导弹的机上装载、地面维护、准备以及发射的设备和系统，这套移植系统也是原有的飞机系统与导弹系统之间连接的桥梁；

4. 必要的机场系统及设备，用于组织飞机战备巡航值班。

苏联人通过该科研项目，探索出了海基洲际弹道导弹与航空技术设备相结合的方式，并验证了兼容性；制定了导弹由生产厂家运输至机场的方案；还对战备值班形式和空基弹道导弹系统的应用提出了建议；除此之外，还详细研究了飞机驾驶-导航系统与导弹系统的整合问题，以及用于导弹的星光导航系统的使用问题。

MAPK 科研工作最重要的一项成果，是阐明了从飞机上发射战略弹道导弹的技术可操作性及方式：将导弹连同发射装置一起（两者相加的累计质量为 37 吨）空投出去，利用伞降过程进行发射。采用这种方式可省去安-22 飞机货舱承力结构的改装工作。

针对 MAPK 的战备值班，研究人员制定了三套机制：

1. 日常战备值班机制（飞机停放于标准场地，机组在机场建筑内待命）。

2. 加强战备值班机制（飞机位于临近跑道的场地，机组位于机舱内并热机，启用机场设施。为避开敌方可能发起的导弹打击，机场人员将通过导弹来袭预警系统的信号进行判定）。

3. 完全战备值班机制（飞机在敌方防空系统探测区域外、北极和人口稀少的空域进行巡航，同时接受加油机的燃油补给）。

这一系列的科研工作，论证了在安-22 甚至后来的安-124 飞机上搭载空基洲际弹道导弹系统的技术可实现性。

P-29 洲际导弹于 1974 年进入苏联海军服役，发射质量为 33.3 吨，采用单弹头。但在 MAPK 科研工作开展期间，苏联已研制出改进型的 P-29P 洲际弹道导弹，后者的质量增至 35.3 吨，配备有大气层重返载具及三枚分导弹头。因此利用 P-29P 洲际弹道导弹来武装安-22 和安-124 飞机成为更有效的做法。

1974 年，苏联军事工业委员会审查了"机械制造"设计局（B. П.马克耶夫）、基辅机械厂（O. K.安东诺夫）空基洲际弹道导弹系统科研工作的成果，和"南方"设计局（B. Ф.乌特金）、"经验"机械制造厂（A. A.图波列夫）的建议书，提出让各设计局拿出初步方案（技术性建议）。

1975 年 3 月，"机械制造"设计局完成补充科研工作，确认在安-22 飞机上可配备一枚 P-29P 导弹（包括来自 Д-9P 海基导弹综合系统的设备），而在安-124 飞机上可配备两枚 P-29P 导弹（包括来自 Д-9P 海基导弹综合系统的设备）。在空基洲际弹道导弹系统的后续研究中，安-124 飞机上的可配备导弹数进一步增加至三枚。

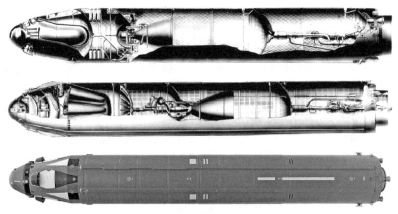

P-29（上）、**P-29P**（中）和 **P-29PM**（下）洲际弹道导弹示意图

1975 年 7 月，苏联军事工业委员会正式下达了关于研究空基洲际弹道导弹系统初步方案（技术性建议）的技战术任务。1976 年 5 月，MAPK 的初步方案（技术性建议）被提交，方案给出了该导弹系统的技术外形、主要方案，并论证了在 1982 年进行飞行试验的可行性。为了完成导弹发射试验，明确部署空射型弹道导弹的条件，以

及搞清飞机系统和导弹系统这两者的相互影响，方案建议以安-22 飞机为基础制造飞行实验室。

1976 年 8 月，苏共中央委员会和苏军总参谋部听取了空基战略弹道导弹系统研制工作的情况报告，未做出开始试验与后续设计工作的决定。尽管大多数与会者都赞成制造安-22 飞行实验室，但关于该实验室的决定始终也没有被做出。

MAPK 采用安-22 远程重型运输机及 P-29、P-29P 洲际弹道导弹时的基本数据（参照飞机及导弹原型的技战术性能改动而来）：

载机——改装型安-22 运输机

主要研制方——基辅机械厂。

导弹研制方——"机械制造"设计局

发射质量——P-29 为 33.3 吨，P-29P 为 35.3 吨；

空射射程——均为洲际；

导弹长度——P-29 为 13 米，P-29P 为 14.2 米；

弹体最大直径——均为 1.8 米；

燃料类型——均为液体燃料；

控制系统类型——均为星光导航系统＋惯性制导；

主发动机级数量——均为二级；

战斗部配置类型——P-29 为单弹头，P-29P 为三枚分导弹头；

放置方式——均为在飞机货舱内水平放置；

载机上的导弹数量——均为运载一枚。

1988 年，以安-124 军用运输机搭配新型 P-29PM 洲际弹道导弹的空基战略弹道导弹系统初步方案（技术性建议）被提出。P-29PM

改装型安-124 运输机装载 P-29P 导弹的 MAPK 方案

导弹于 1986 年进入苏联海军服役，同以往的型号 P-29、P-29P 相比，它具有更高的作战效能，例如：增加了弹头数量及弹头威力，增加了最大射程，提高了命中精度，扩展了分导弹头的瞄准散布能力。

P-29PM 导弹的质量为 40.3 吨，最初配备十个弹头，后改为四个当量更大的分导弹头。除了应用星光导航系统和惯性导航制导，该型导弹还使用了格洛纳斯卫星定位系统（ГЛОНАСС）作为天文无线电惯性控制系统的一部分。

从安-124 运输机上发射洲际弹道导弹的示意图

改装后的安-124 运输机，能够在飞机货舱内的专用平台上装载两枚 P-29PM 导弹。当飞机在规定的高度上进行发射操作时，导弹会随降落伞装置滑出机尾，待进入垂直姿态并保持稳定后，再启动发动机升空。

MAPK 采用安-124 远程重型运输机及 P-29PM 洲际弹道导弹时的基本数据（参照飞机及导弹原型的技战术性能改动而来）：

载机——改装型安-124 运输机

主要研制方——基辅机械厂；

装备年份——1987 年（军用运输机）

最大载货量——120 吨；

飞行巡航速度——800 千米/小时；

在最大载重下的航程——4 800 千米；

升限——12 000 米；

飞机长度——69.1 米；

翼展——73.3 米；

飞机高度——20.8 米；

货舱尺寸——长 36.4 米，宽 6.4 米，高 4.4 米。

导弹主要研制方——"机械制造"设计局

发射质量——40.3 吨；

空射射程——洲际；

导弹长度——14.8 米；

弹体最大直径——1.9 米；

燃料类型——液体燃料；

控制系统类型——星光导航系统＋惯性制导＋格洛纳斯卫星定位系统；

主发动机级数量——三级；

222 太 空 铸 盾

> 战斗部配置类型——四枚分导弹头；
>
> 放置方式——飞机货舱内水平放置；
>
> 载机上的导弹数量——两枚（若配备 P-29 或 P-29P 导弹，可装载三枚）；
>
> 发射方式——机尾舱伞降发射。

第四节 "矛隼"空基弹道导弹系统

从 1974 年到 1986 年，苏联"南方"设计局进行了空基固体燃料战略弹道导弹系统的方案研究工作。导弹载机被选定为超音速的图-144 客机和图-160K 轰炸机以及亚音速的安-124 运输机。

图-144 超音速客机于 1964 年研制，1968 年首飞，1975 年底开始执飞莫斯科至阿拉木图的航线。图-144 的载重达 40 吨，加上足够大的内部货舱空间，使它足以充当小尺寸洲际弹道导弹载机。图-144 客机安装 HK-144A 发动机，经"南方"设计局研究后发现，此型飞机可以装载三枚洲际弹道导弹。机载导弹将在苏联领空上发射，而图-144 飞机能以 2 300 千米至 2 500 千米/小时的超音速前出至发射点。

按照规划，一部分装载有洲际弹道导弹的图-144 飞机将处于待飞值班状态，这就要求机组乘员在机上的专用休息室中待命。这种做法缩短了飞机从接到命令到滑跑起飞的时间间隔。导弹发射点与驻扎机场的距离可达到 2 500 千米，而导弹的射程为 7 000 千米至 9 000 千米。

随后"南方"设计局根据 Ty-144Д 飞机（安装 РД-36-51 发动机）的性能制定了一系列新方案。在这些新方案中，Ty-144Д

飞机作为载机将携带更多燃料，相应地，机载导弹的最大射程被调整为 3 000 千米至 5 000 千米，导弹的尺寸和质量也大幅优化减小。

以图-144 客机为载机的"矛隼"（Кречет）空基弹道导弹系统的基本数据（参照飞机及导弹原型的技战术性能改动而来）：

载机——改装型图-144 客机

飞机长度——65.7 米；

翼展——28.8 米；

飞机高度——12.85 米；

飞机空载重量——91 800 千克；

最大起飞重量——195 000 千克；

巡航速度——2 200 千米/小时；

实际航程——6 500 千米；

实际飞行高度——18 000 至 20 000 米；

机组人员数量——3 人。

"矛隼"弹道导弹的主要研制方——"南方"设计局

最大射程——7 000 至 9 000 千米；

燃料类型——混合固体燃料；

控制系统类型——惯性制导 + 卫星定位修正；

放置方式——弹舱内水平放置。

在"矛隼"导弹系统的科研过程中，可变后掠翼的图-160 轰炸机也成为空基战略弹道导弹系统载机的一个选项。图-160 轰炸机于1987 年正式进入苏联空军服役，它既可以亚音速飞行，也可以超音速飞行。该机的改进型号图-160K 轰炸机能够装载两枚小尺寸的第四代"矛隼"弹道导弹,即"矛隼-P"(Кречет-Р),这种导弹为两级结构,发射质量24.4吨,射程7 500千米,计划装载自主惯性制导系统,并接受外部信息源(卫星定位系统等)的修正。弹体的飞行控制通过第一级的空气动力舵面和第一、第二级发动机装置的可转动喷口实现。改型导弹还计划装载大气层重返载具。战斗部为六枚分导弹头,抑或是带突防装置的单弹头。

"矛隼"导弹系统的科研工作,促使"南方"设计局在苏联导弹研发实践史上首次提出了"在超音速飞行下发射中型弹道导弹"的概念。当然,导弹也能在亚音速条件下发射。当导弹脱离飞机内置挂架运动大概3秒后(此时导弹仍在飞机弹舱内),第一级发动机点火。此后导弹将利用空气动力舵面调整姿态:弹尾朝下沿倾斜路径指向45度角,弹头沿飞机偏航路径转向10度角,以此来降低第一级发动机射流对飞机造成的气动影响,同时避免导弹航向与飞机航向重叠。

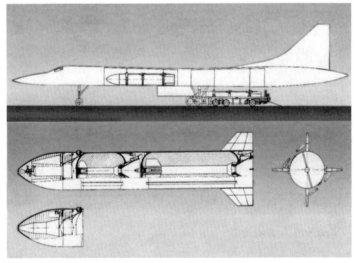

图-160K超音速轰炸机可携带两枚"矛隼-P"弹道导弹

以图-160K 轰炸机为载机的空基弹道导弹系统的研制工作从 1983 年 7 月进行至 1984 年 12 月底，拥有初步方案（技术性建议）①。

空基弹道导弹系统采用图-160K 轰炸机及"矛隼-P"弹道导弹时的基本数据（参照飞机及导弹原型的技战术性能改动而来）：

载机——图-160K 轰炸机

主要研制方——莫斯科"经验"机械制造厂；

装备年份——1987 年（图-160）；

最大载货量——50 吨；

最大飞行速度——2 230 千米/小时；

最大起飞重量——275 吨；

在最大战斗载重下的航程——10 500 千米；

实际升限——15 600 米；

飞机长度——54.1 米；

翼展——35.6 米/55.7 米；

飞机高度——13.2 米。

"矛隼-P"弹道导弹主要研制方——"南方"设计局

发射质量——24.4 吨；

最大射程——7 500 千米；

空基战略弹道导弹系统射程（空射型导弹射程加上载机航程）——10 000 千米；

---

① 除了上文提到的研制工作外。莫斯科热工研究所自 1979 年起还在"玛瑙"（Агат）项目下研制过既能装备陆军也能装备空军的通用型弹道导弹。这种导弹原计划替代"节律-C"（Темп-С）战术导弹。

命中精度——0.6 千米（圆概率误差）；

导弹长度——10.7 米；

弹体最大直径——1.6 米；

燃料类型——混合固体燃料；

控制系统类型——惯性制导＋外部信息源（卫星定位系统等）修正；

主发动机级数量——二级；

战斗部配置类型——单弹头或六枚分导弹头；

放置方式——弹舱内水平放置；

载机上的导弹数量——两枚；

发射方式——弹仓投放后发射。

"南方"设计局研制"矛隼"空基弹道导弹系统所积累的经验在20 世纪 90 年代初派上了用场。美苏之间签署的《第一阶段削减战略武器条约》为双边条约，仅涉及美苏各自拥有的战略进攻性武器。苏联解体后这一条约的义务由俄罗斯继承，而其他国家，包括曾经属于苏联加盟共和国的那些国家，则不受该条约限制，没有被禁止开发、试验和部署空基弹道导弹系统。这就使得已归属乌克兰的"南方"设计局能够继续空基弹道导弹系统的相关工作。

1992 年至 1994 年，"南方"设计局为满足乌克兰国防部的需要，联合其他导弹系统和飞机研发方，共同完成了空基弹道导弹系统的方案设计工作。该导弹系统打算使用苏联遗留在乌克兰境内的战略空军飞机，或是安东诺夫设计局研制的新型运输机作为导弹载机，而弹道导弹本身也是新研制的。"南方"设计局按照两个距离界限（往返距离界限），根据这套未来空基弹道导弹系统的"面貌"做出了技术性建议。不过该系统的航程数据在"南方"设计局出版的资料中没有出现。据猜测，由于乌克兰放弃了核武器并签署了核不扩散条约，这套系统仅采用常规战斗配置。1996 年，空基弹道导弹系统的相关研制工作终止，最主要的原因之一就是乌克兰须履行按阶段销毁战略轰炸机的义务。

第五节　在伊尔-76МД运输机基础上的"班机"（Лайнер）空基弹道导弹系统

1984 年，伊尔-76МД中型军用运输机开始装备苏联空军，这种飞机的最大载货量为 48 吨，拥有长 24.5 米（含斜面）、宽 3.45 米、高 3.4 米的大型货舱。1995 年，进一步改进的伊尔-76МФ首飞，其最大载货量已达 60 吨，同时货舱增大，货舱长度增至 31.14 米。

尽管美苏签订的《第一阶段削减战略武器条约》禁止了空基弹道导弹系统的研发、试验和部署，但该条约的第 30 条声明，却允许利用洲际弹道导弹和空基弹道导弹系统，从飞机上向高层大气和太空发射载荷，同时要求所使用的载机不属于重型轰炸机或是由重型轰炸机改造而来。这就使得原本是空基弹道导弹载机的运输机，能够作为运载火箭发射平台"获得新生"。

20 世纪 90 年代，马克耶夫设计局与伊柳申设计局合作，在"航空太空"课题下研制了航空火箭-太空系统，它采用"无风"（Штиль）运载火箭，并以伊尔-76МД和伊尔-76МФ运输机为发射平台。

"无风"系列运载火箭是由量产型的 Р-29РМ 潜射型弹道导弹改造而来（只需对以战斗部舱室为主的导弹结构做小幅改动），其中"无风-2А"火箭的发射质量近 40 吨，运载火箭采用水平方式放置在伊尔-76МД货舱内的专用平台上，并通过拉伸式伞降系统进行发射，火箭与货舱内平台的伞降载荷总质量为 45—46 吨。

在研制"无风-3A"运载火箭时,研究人员对 P-29PM 潜射型弹道导弹进行了深度改造。原有的战斗部舱室和战斗部分离发动机装置被更换为了新的第三、第四级发动机以及新的有效载荷舱室。"无风-3A"火箭放置在伊尔-76МФ 载机上,发射质量 45 吨,长 18.7 米。

伊尔-76МД、伊尔-76МФ 在投放"无风"系列运载火箭时,会沿着专门的路径飞行以减少被投出火箭的可称量性。为此,载机的飞行高度需达到 10 000—12 000 米,飞行速度需达到 360—440 千米/小时。1990 年 7 月 22 日,苏联人采用这种方式,从伊尔-76МД 飞机上空投了苏联航空史上最重的载荷,质量达到 44.6 吨。

在"航空太空"系统研制期间进行的计算机单体大质量载荷空投试验表明,从伊尔-76МФ 飞机上发射质量达到 45 吨的改进型 P-29PM 弹道导弹具有技术可实现性。

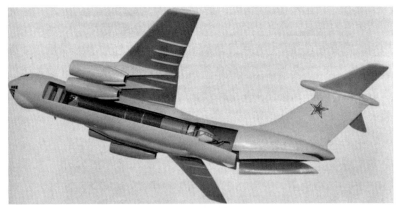

伊尔-76МФ 装载 P-29 系列导弹/火箭的方案

伊尔-76МД、伊尔-76МФ 运输机基本数据:

翼展——均为 50.5 米;

飞机长度——伊尔-76МД 为 46.6 米，伊尔-76МФ 为 53.194 米；

飞机高度——伊尔-76МД 为 14.76 米，伊尔-76МФ 为 14.306 米；

机翼面积——均为 300 平方米；

货舱直径——均为 4.8 米；

最大起飞重量——伊尔-76МД 为 190 吨，伊尔-76МФ 为 210 吨；

最大载货量——伊尔-76МД 为 48 吨，伊尔-76МФ 为 60 吨；

燃料箱最大容积——均为 109 500 升；

巡航速度——伊尔-76МД 为 750 至 770 千米/小时，伊尔-76МФ 为 830 至 850 千米/小时；

装载有效载荷时的航程——伊尔-76МД 为 4 200 千米（40 吨），伊尔-76МФ 为 4 200 千米（60 吨）；

飞行高度——均为 9 000 至 12 000 米；

起飞滑跑距离——伊尔-76МД 为 1 700 米，伊尔-76МФ 为 1 600 米；

降落滑跑距离——伊尔-76МД 为 930 米，伊尔-76МФ 为 990 米；

机组人数——伊尔-76МД 为 7 人，伊尔-76МФ 为 5 人。

"无风-2A""无风-3A"运载火箭基本数据：

发射质量——无风-2A 为 40 至 40.37 吨，无风-3A 为 45 至 45.6 吨；

火箭长度——无风-2A 为 17.3 至 18.35 米，无风-3A 为 18.7 米；

火箭直径——均为 1.9 米；

燃料类型——均为液体燃料；

控制系统类型——均为天文无线电惯性制导；

主发动机级数量——均为三级；

可发射入轨的有效载荷质量——无风-2A 为 430 至 730 千克，无风-3A 达到 950 千克；

载机上的火箭数量——一枚；

发射条件——均为高度 10 000 至 12 000 米，速度 360 至 400 千米/小时。

第六节　后　　续

总体上，由于作为订货方的国防部没有急切的需求，也因为《第一阶段削减战略武器条约》的限制，苏联对于空基战略弹道导弹系统的研究仅停留在方案阶段，未进行过发射飞行试验。苏联尽管具备深厚的科学技术土壤，也拥有量产化的基础平台（如安-124 运输机、图-160 轰炸机、P-29PM 弹道导弹），却未将设计方案变为现实。而后继者俄罗斯，由于财政窘迫，不得不让大部分空基战略弹道导弹系统平台项目被无限期"冻结"。直至曾经的联盟分崩离析十余年后，这些项目才有限度地"复活"。

结语 预期与结果

正如本书所述，20世纪80年代苏联战略计划的相关数据清晰地表明，美国的政策和行动及其战略建设，对于当时莫斯科的决策选择产生了重大影响。然而从这种影响的性质和它的机制，及美方行为所引发的后果来看，美方行为的实际作用明显远不如预期。

一种普遍的观点认为，莫斯科最终认识到美方的战略防御计划不会对自身安全构成威胁，而新资料在很大程度上证实了这一点，因为莫斯科可以通过简单有效的对策进行相对从容的反制。新资料还在一定程度上解释了苏联对美国计划的担忧，苏联决策层做出选择的背后原因，以及这些决定产生的过程等一系列重要问题。

对于裁减军备而言，美国的战略防御计划显然更像是障碍，并未促使苏联参与谈判或同意进一步削减其进攻力量。文件显示，直到1985年左右，苏联军方和国防工业内部的预判并没有具体考虑美国计划及其潜在影响，而这还是美苏恢复自1983年11月以来中断的谈判之后。在此期间，苏联在关键问题上认真改变了立场。所有这些都显著表明，美国的战略防御计划在苏联重返裁军谈判的决定中没有发挥任何作用。

谈判开始时，美国计划建立导弹防御系统确实成为分歧点之一。特别是在1985年11月日内瓦峰会和1986年10月的雷克雅未克峰会上，这成为最核心的问题之一，苏联强烈要求限制该计划，而美国坚持继续部署。但是，这一话题能持续下去并非源自苏联对美国计划的潜在能力的担忧。相反，它是通过苏联更感兴趣的裁减军备议程，来处理导弹防御问题。这表现在苏联决策层极度不愿着手对美国计划进行任何回应，包括冻结或建立其进攻力量。

文件中没有任何痕迹表明，莫斯科在其国际审议和对局势的评估中曾经考虑过"交易"其战略力量，以换取对美国战略防御计划的限制。

恰恰相反，莫斯科完全做好了准备，等待这种局面结束：推迟减少进攻部队，直到美国重新考虑其在导弹防御方面的立场。限制战略防御计划的原因还包括：如果美方不加限制的话，苏联政治领导层便无法消除来自国防工业方面要求跟上美国、完成一套同等大规模防御计划工程的压力。苏联已经很接近于部署一些原型系统，且国防工业部署这些系统的前景也非常明了。此外，苏联领导人对自身控制或影响这一进程的能力没有信心。苏联在当时拥有复杂的军事、民用技术系统相关经验，表明了与之相关的不确定性和危险。知晓这些危险因素的存在，也是苏联一直在遏制美国计划的原因之一。这些经验虽是用来应对美国计划的，但对于苏联导弹防御项目发展也有影响。

苏联为回应美国战略防御计划而开启应对计划同样带来了这样一个问题，即这些应对计划对经济造成的负担是不是领导层决定启动改革，甚至是加速联盟解体的原因之一。这个问题的答案必然是否定的。虽然苏联的一揽子应对计划应该是一项与美国"星球大战"计划规模相当的工程，但这些项目很少是全新设立的。苏联方面开支最大的工程，如莫斯科导弹防御系统或"能源-暴风雪"重型火箭，或是像"赛艇-Д"太空激光器这样的二级计划，早在美国战略防御计划之前就已存在。当它们成为Д-20或CK-1000计划的一部分时，不需要任何额外的资源。总计划中包含的大多数项目没有从纸面变为现实，而那些已实施项目的开支是很低的。总体来说，虽然军费开支肯定给经济带来了沉重负担，但没有证据表明美国战略防御计划或苏联的回应在实质上增加了巨大负担。文件显示，在1988年的内部讨论中，军事计划的有效性问题或将资源转移到民用项目并没有成为主流，而此时苏联方面关于应对计划的关键决定已经做出。

苏联对美国战略防御计划的回应历程，是检验另一个问题的好机会，即像星球大战这样的计划是否可以用来吓阻对手。在讨论战略防御计划时，美国政府支持该计划的论据之一是，导弹防御系统最终会使苏联对其战略核心力量——大型洲际弹道导弹的投资贬值。根据这一逻辑，美国的防御计划将使苏联不再建设进攻力量。美国计划的支持者倾向于忽视进攻性对策可能对防御系统的有效性产生的影响，只是指出了进攻必须先突破防守的性能权衡。

20世纪80年代苏联计划的逐步发展表明，吓阻不仅起不了作用，反而还恰得其反。苏联完全没有被吓阻，甚至继续研究弹道导弹，并且推出了几项可以击败美国防御系统的发展计划。苏联在性能方面的确有权衡，但特别微不足道，对这些计划几乎没有影响。更广泛地看，吓阻工作并没有挡住苏联开发打击导弹防御部署的措施。苏联很快就选择放弃复制美国的导弹计划，并转移到"核心竞争力"领域，提出了简单廉价的反卫星系统，使美国的天基防御系统面临危险。

最后，苏联对美国战略防御计划的态度变化表明，导致结束核对抗的主要因素是美国和苏联愿意就减少核力量进行对话。在对抗的背景下，美国战略防御计划能够实现的唯一效果，是鼓励苏联国内那些以对抗方式界定安全并从中获益的人。事实清楚地表明，苏联国防工业部成功地对美国的计划做出了回应，即使它后来在很大程度上被剥夺了政治关注和资源。如果美苏未能实际开始裁军，两国就会发现自己处于新一轮的军备竞赛中，无论美国战略防御计划中的技术是否符合先前预期。经济上的限制和技术现实会让一开始雄心勃勃的计划缩减，而实际上也正是这样，但苏联本将部署的系统仍会使战略核平衡比以前更不稳定。这一过程的动态特征表明，即使苏联领导人对经济和整个社会施加额外压力，也不太可能遏制这一进程。

　　与美国的对话虽然时常较为困难，但是苏联可以逐步地不再对其安全采取对抗性理解。对话促动和鼓励了苏联社会中的各个机构来达成上述目的，而这些机构也不会将对抗视为其内在利益。最终，两国能够建立一套以强调合作来定义安全的框架，即便它们仍然按照战略平衡和威慑的类别运转，且仍然处于传统军备控制的范围内。与美国战略防御计划相关的问题，对这项工作提出了非常严峻的挑战，但最终它们也成功地融入了这一新框架。

附录 苏联精密机械加工设备制造业概览

苏联在第二次世界大战后一跃成为世界第二大机床制造国，不仅国内的研究院和设计局不断为企业研发设备，同时还从国外大量购买机械设备（特别是 20 世纪 60 年代初第一批石油美元流入苏联时）。尽管美国并不允许其技术通过第三国输出到苏联，但苏联依然通过外贸的方式引进了来自欧美国家的先进电子技术产品。到 1988 年，苏联工业的劳动生产率已从沙俄时期仅为美国的九分之一上升到二分之一。苏联的高新技术大多应用于军事工业综合体，不过现实的情形是，苏联不仅具备潜力追赶美国，而且在某些方面——例如航天领域——还赶上了美国。

在 20 世纪 70 年代和 80 年代，苏联处在全球机床行业的第一梯队，尽管可能与日本还有一定差距，但已经超过了其他许多国家。苏联掌握了数控机床、可重复配置模块、加工中心和工业机器人的设计制造。1975 年，俄罗斯苏维埃联邦社会主义共和国（以下简称苏维埃俄罗斯）生产了 12.8 万台机床，其中 4 100 台为数控机床。在苏联最景气的年代，设备平均使用年限为 9 年，每年有超过 100 种达到世界先进水平的新型技术加工机械和压机问世。

20 世纪 60 年代末，规模在全球前列的科洛姆纳重型机床厂制造了当时世界最大的 КУ168 型研磨抛光专用立式车床，用于加工特设天体物理台（苏联科学院下设机构，位于卡拉恰伊-切尔克斯共和国的下阿尔黑兹村）的经纬台式大型望远镜直径 6 米的镜片。1966 年 10 月，机床在雷特卡里诺光学玻璃制造厂投入运行。1969 年至 1974

年年底，机床加工出 1 号镜片并向天文台交货，两年后又进行了 2 号
镜片的加工。

1970 年，为满足日立大阪公司需求，科洛姆纳重型机床厂向日
本出口了 КУ299 型立式车床（另有 КУ153Ф1 型机床也出口到日本）。
这是苏联整个外贸史上出口到境外的最复杂、最大型的机床，该机床
在移开龙门架时放置零件的最大直径可达 20 000 毫米，常规可达
16 000 毫米；放置零件的最大重量为 560 吨；中央花盘和环形花盘的
主轴驱动功率均为 160 千瓦。

鲍里斯·巴尔蒙特就曾讲述苏联方面如何为日本制造出了这样的
机床：

> 1970 年，科洛姆纳厂为日本生产独特机床的事就曾引起世
> 界轰动。当时日立公司一直在寻找能够接下不寻常订单的厂商。
> 日立公司需要一台能够加工直径 20 米机器零件的立式车床。试
> 想一下，这是一台怎样的机器！结果世界上只有两家厂商能够
> 完成这样的订单，一家是位于德国杜塞尔多夫的希斯
> （SCHIESS）公司，另一家就是我们的科洛姆纳厂。日本人来了
> 苏联，去了德国，最后到了罗马尼亚，在那儿有一台用于加工
> 大型零件的科洛姆纳厂造的重型立式车床，只是加工直径为 16
> 米，而非 20 米。
>
> 日本人在罗马尼亚的所见所闻成为"最后一根稻草"，订单
> 给了我们的科洛姆纳厂。КУ299 机床的设计和制造工作采取的
> 是两班倒，有时甚至三班倒的方式进行，昼夜不停。花了两年时
> 间。当这台机床在日本组装好并投运时，那里的工程师们情不自
> 禁，为我们设计师的作品鼓掌了很久。之后日本金属切削机床贸
> 易协会副会长大和修珠向记者们宣布："苏联在金属切削设备，
> 特别是大型立式车床的出口领域迈出了一大步。在这里我想强调

下独特的 КУ299 机床。苏联在这一类型的机床生产方面达到了世界第一。"

到 2014 年，这台 КУ299 机床仍在日本神户制钢公司加工隧洞防护掘进护盾，加工质量达 560 吨、直径达 20 米的重型零件。

КУ299 型机床全貌，整个机床重达 1 000 吨

科洛姆纳厂后来还与希斯公司联合制造出了当时世界上最大的机床——КУ466 型单柱机床。这种机床加工零件的高度可达到 5 米，在花盘外部直径（相对于坯件直径）更小时，借助支撑十字梁可使被加工坯件的直径达到 22 米。КУ466 型单柱机床先是安装在伏尔加顿斯克"原子能机械制造"生产联合体（苏联最大的核动力机械设备制造企业），俄方资料称这台机床后来被运往国外。

在列宁格勒市，以 Я. M. 斯维尔德洛夫命名的机床生产联合体制造出了带有活动龙门架的 ЛР367Ф4 型数控特种坐标镗床。该机床质

КУ466 型单柱立式车床

量为 250 吨，长 22 735 毫米，宽 12 820 毫米，高 8 045 毫米（不含外
加的电气、液压装置），沿着尺寸为 14 700 毫米×5 600 毫米的机床工
作面能够自由开行卡玛斯牌自卸卡车。它用于进行孔加工，对船台
式-组装式成套设备的平面与立体部件进行铣削加工，以及为精密螺
栓（无间隙螺栓）进行钻孔、铰孔和压入。

ЛР367Ф4 型数控特种坐标镗床的技术参数

工作台工作面尺寸（毫米）		14 700×5 600
最大工作行程（毫米）	龙门架（X 坐标）	150 000
	主轴箱拖板（Y 坐标）	5 000
	滑枕（Z 坐标）	1 500
旋转频率（转/分钟）	滑枕及可拆卸附件头的主轴（i = 1.0）	10—1 600
	加工轻合金的可拆卸附件头的主轴（i = 1.6）	2—2 500
主驱动装置功率（千瓦）		15
机床尺寸（外加的电气、液压装置不计算在内，长×宽×高，毫米）		22 735×12 820×8 045
机床质量（吨）		250

值得一提的是，著名的图-160"海盗旗"战略轰炸机的机翼和转动接头，就是在 ЛР367Ф4 型数控特种坐标镗床上完成紧固的。而为了制造该机床，作为总装厂的喀山飞机制造厂还专门建造了一座占地30 万平方米的新厂房。新厂房里面安装了组装钛合金组件和加工长铝合金板材的计算机控制生产设备，并配备了用于焊接图-160 钛合金制翼盒的 ЭЛУ-24 型真空电子束焊接设备、УВМ-4500М 型退火炉和 X 光照射机等，这些设备可以检测焊接组件内部是否含有空泡、砂眼等缺陷，以保证飞机组件质量。

斯维尔德洛夫机床生产联合体还制造出了更为庞大的 ЛР366Ф3 型机床，重量达 700 吨，带有双活动龙门架，长 40 000 毫米，宽12 920 毫米，高 8 375 毫米。机床配备计算机数控（CNC）系统，两个独立的龙门架（X 坐标）沿着工作台移动，滑枕拖板（主轴箱拖板）则横跨工作台（Y 坐标）运动。滑枕（Z 坐标）顺着拖板，垂直于工作台平面移动。滑枕之上安装着铣头，它具有围绕 C 坐标轴和围绕处在 XY 平面上的 E 坐标轴旋转的功能。在这样的机床上可同时进

ЛР367Ф4 型数控特种坐标镗床工作台的尺寸之大，甚至能够供卡玛斯牌自卸卡车自由开行

行图-160战略轰炸机机翼部件和机身部件的加工及装配。机床的龙门架控制通过吊式操纵台实现。为了便于操作，每个吊式操纵台都能够沿着 Y 和 Z 坐标进行机械移动，并围绕 Z 坐标通过手动方式旋转。为了操作机床以及布置电气、液压装置，机床上还配备了桥式工作台和阶梯。

ЛР366Ф3 型特种数控坐标镗床的技术参数

工作台工作面尺寸（毫米）		31 500×5 600
最大工作行程 （毫米）	龙门架（X 坐标）	22 000
	主轴箱拖板（Y 坐标）	4 500
	滑枕（Z 坐标）	2 000
最大工作旋 转角度（度）	刀头（E 坐标）	210
	轴头（C 坐标）	360
旋转频率 （转/分钟）	基本主轴	20—3 150
	高速主轴	18 000

续表

主驱动装置 功率（千瓦）	基本（主轴）	30
	高速（主轴）	6
机床尺寸（外加的电气、液压装置不计算在内，长×宽×高，毫米）		40 000×12 920×8 375
机床质量（吨）		700

ЛР366Ф3 型特种数控坐标镗床的工作台

"暴风雪"号航天飞机是集苏联火箭-航天设备、航空设备全部制造经验于一身的产物。克拉马托尔斯克重型机床厂的 КЖ9907 型重型特种机床，为其完成了端面车削、壳体分段件装配（壳体各部分装配）和燃料罐环形焊缝的氩弧焊（燃料罐是运载航天系统第三级的最重要部件），机床壳体直径达到了 9.45 米，总长度达到了 42 米。"能源-暴风雪"多用途航天系统能够将任何重量大于 100 吨的目标送上轨道，并且能够向月球输送 32 吨的载荷，向火星和金星输送 28 吨的载荷。为了配合这些任务，克拉马托尔斯克重型机床厂还针对各种尺寸的燃料罐制造了系列机床，例如 КЖ9909МФ3 特种机床及最大直径达 4 500 毫米、最大长度达 19 000 毫米的焊件。

而在弹道导弹、运载火箭、航天器技术产品中，同样有着大量框架、轮、接头（转接器）、凸缘、配架（加强边）、薄膜类零件，它们的加工伴随着大量铣削工作。"机械制造工艺"科研生产联合体（也称为机械制造工艺研究院）是苏联在这一领域的龙头技术工艺企业，该单位参与了从 Р-7、Р-16、РТ-2 到 УР-100、Р-36 的几乎所有苏联洲际弹道导弹，以及从"联盟"火箭到"能源"火箭的几乎所有运载火箭的制造设备的开发工作。

在液体推进剂导弹和火箭技术方面，"机械制造工艺"科研生产联合体还为燃料泵组零件的精确和复杂加工开发出了 СФП-1、СФП-2、ДФ 824、СФП14、ДФ224、ДФ966 等数控专用铣床，实现了液体火箭发动机燃料泵组和燃烧室的复杂、特殊部件的全自动加工。苏联导弹、火箭制造企业引入这些机床后，各零件加工时间缩短到原先的十分之一到十五分之一，新规格种类零件的生产准备周期缩短到原先的五分之一到六分之一。

在壳体零件技术方面，"机械制造工艺"科研生产联合体于 1968 年研制出 СФП-3 型数控机床，1970 年在试验基础上研制出 СФП13 数控五坐标机床。这些机床的应用，解决了苏联导弹、火箭、航天器制造中最重要零件的加工问题，耗费劳动量最大的对接装置零件以及最复杂的导弹壳体零件、轨道站球面壳体零件就是在这些机床上被全部加工出来。

"机械制造工艺"科研生产联合体对于数控多坐标系统的研究始于 1958 年。后续随着技术更新发展，带有曲面数控系统的 УФС32К 型五坐标钻-铣-镗机床在该联合体中问世，实现了 2 500 毫米直径零件的加工，而以 УФС32К 机床为基础，苏联机床工业摸索出了通过组合-模块方法制造钻-铣-镗多用途机床的途径。1984 年至 1987 年，该联合体设计并制造了两台 CMA381 型多用途组合机床，这型机床具有 6 个可控的同时工作坐标，备有工具库及自动更换工具系统，实现了 3 000 毫米直径零件的加工。

另外在导弹和运载火箭的结构改进工作中，一个最重要的方向是使用各类薄壁元件来减轻支承燃料罐体和舱室的重量。在苏联的技术实践中，网格形态减重结构元件（以网格外壳和网格底部形态呈现）的生产工艺应用得最多。在苏联工业将这类火箭航天技术新产品投入生产期间，"机械制造工艺"科研生产联合体开发并投产了 CBO-1、CBO-11、СВД-1、СВД-2、CBO-21、CBO-22、CBO-23、CBO-30、CBO-12M 等 30 余台数控专用铣床，这类 CBO 机床能够为火箭航天技术上最关键的产品加工出直径 1 200 毫米到 8 000 毫米的网格外壳。

在焊接方面，直到"能源"火箭出现前，苏联所有导弹、运载火箭的金属罐体均由含镁 6% 的中等强度 AMr6 铝镁合金制造，"机械制造工艺"科研生产联合体为此开发了包括 ЛУЧ 系列在内的自动焊接机床。1976 年，该联合体因奠定了新产品（РТ-2、УР-100、Р-36 洲际弹道导弹及其他产品）的生产基础，有效实施了新技术工艺，开发出了新专用设备，被第二次授予劳动红旗勋章。

在聚合复合材料缠绕机床技术方面，"机械制造工艺"科研生产联合体同样是苏联这类机床制造的鼻祖。1960 年，该企业开始研制生产聚合复合材料零件的缠绕设备。到 1963 年 10 月 4 日，该联合体率先在苏联国内研制出用于复合材料制品缠绕加工的 CHП-1 数控机床。

缠绕加工技术是固体推进剂导弹、火箭制造上十分关键的技术，涉及减重和小型化问题。只有数控机床才能够按照指定包装轮廓（外

Корпус цельномотанного РДТТ

用高强度有机纤维缠绕制成的"蚕茧"式固体火
箭发动机壳体

缘线条）以复杂形式在轴心上进行聚合复合材料缠绕，且各个机床受
制成品的尺寸、质量、形态，各类纤维上（渗碳）强化材料的应用方
式，缠绕方法（干式或湿式），产品敷设能力，缠绕时（渗碳）强化
材料的拉力值、生产率，伺服驱动装置类型，数控系统类型，以及可
控可调缠绕参数数量等因素影响，而各不相同。

　　因此在 СНП-1 数控机床投产之后，"机械制造工艺"科研生产
联合体先后为苏联通用机械制造部下属企业、军事工业综合体企业开
发投产了 60 余台数控缠绕机床，其中包括 СНП-2、СНП-3 机床，
与科洛姆纳重型机床厂合作生产的 КУ-489、КУ-421М-01、КУ-
463ФЗ、КУ-463ФЗ-01、КУ-463АФЗ 机床，等等。

　　得益于上述机床的应用，苏联洲际导弹的性能得到了大幅提升：
苏联 3М65 潜射导弹（Р-39 潜射导弹）第一级的 3Д65 发动机就采用
了带承力壳的"蚕茧"式整体缠绕外壳，它由高强度有机纤维和置入
式钛合金组件制造。15Ж60 导弹（РТ-23 УТТХ 导弹）的第一级

15Д305 发动机、"信使"导弹的发动机壳体也由有机"蚕茧"式复合材料（Армос 纤维）缠绕而成。"信使"导弹在连接舱的结构中首次应用上了网状的碳纤维蜂窝结构，使导弹制造中复合材料的应用范围大为扩展，连接舱重量比使用金属材料时减轻了四分之一。碳-碳复合材料也使"信使"导弹喷管组重量有了实质性下降（同时确保了高能燃料混合物燃烧条件下的耐热性和耐侵蚀性），导弹第三级比采用传统工艺制造时减轻了 25％。

导弹、火箭的可靠性，在相当大程度上取决于气动-液压系统管路的加工质量，为此"机械制造工艺"科研生产联合体自 60 年代起先后开发了 СТГ-120、СГС-2、СГС-120、СГС-200 机床解决管道弯曲难题。1985 年，该企业为苏联研制出第一台数控四坐标弯管机（СГС-80ПН 型机床），该机床以偏转导引装置弯曲方式为基础，实现了窄带高频加热下的管道弯曲加工。

20 世纪 70 年代至 80 年代，在苏联的"能源-赛艇 ДМ"展示型激光武器航天器项目和"能源-暴风雪"多次使用航天系统项目的技术保障方面，"机械制造工艺"科研生产联合体发挥了主导作用。为了制造出"能源-赛艇 ДМ"展示型激光武器航天器和"能源-暴风雪"多次使用航天系统，该联合体掌握了 300 多项全新技术，开发出了近 1 000 台新型设备和技术保障器材。

在使用新型 1201 热处理强化铝铜锰合金生产"能源"火箭中央组件具有网格结构的大尺寸氢氧罐体（直径 7.7 米，长度 40 米，由 40 毫米厚板材制造的圆柱形外壳组成，其外壳具有网格底面，罐体的球形底部带有大截面隔框），并附加复合隔热层时，曾出现过许多工艺难题。1201 合金在技术指标上可与美国 2219 铝合金相提并论，较之苏联以往使用的 AMг6 合金，它强度更高，在反复冷却和振动载荷试验中（模拟运载火箭反复加注氧化剂和推进剂的情况，以及"能源"火箭飞行时的真实温度变化）表现优异。在零下 196 摄氏度（液氮）先施加 1 000 负荷后加热至 200 摄氏度，然后再降至零下 196 摄氏度重复施加负荷时，AMr6 合金仅能承受 500 次循环，而 1201 合金能够承受 20 000 次循环。不过，1201 合金在焊接时会加大其出现气孔和裂纹的趋势。

为了制造这一氢氧罐体，"机械制造工艺"科研生产联合体创造出了一系列独特的工艺设备，其中包括：

■ 带有控制程序，能够在罐体外壳上加工出网格底面（每个外壳上有 2 500 个网格）的 CBO-22 型六轴机床，其网格布标精度达到 ± 0.1，棱边（肋条）精度达到 ± 1.5；与之类似的 CBO-21 机床用于加工直径 3.9 米的"能源"火箭侧面组件罐体。

■ 带局部真空室，进行外壳纵缝电子束焊接的 ЛУЧ-4М 型机床。

■ 进行气动液压试验和校准容器的立式工作台。

■ 进行罐体自动喷洗的立式工作台。

■ 能够在罐体上附加隔热层的旋转工作台。

■ 能够进行复杂空间构型管道精密弯曲的数控弯管机。

"机械制造工艺"科研生产联合体 1979 年开发出的 CBO-21 型（左）和 CBO-22 型（右）机床，用于加工"能源"火箭燃料罐零件的网格底面

■ 在 H1-ЛЗ 超重型火箭项目设备的基础上改进而来的 УСС 机床，用于燃料罐底部的装配、焊接。

在造船方面，20 世纪 60 年代末至 70 年代随着苏联调距螺旋桨和叶轮推进器的应用范围及产量的扩大，出现了建立专门生产机构的需要。"星形齿轮"工厂所属的"螺旋桨"科研生产联合体同"修理创新工艺改进"科研生产联合体、国家设计研究院、"普罗米修斯"结构材料中央科研院合作，制订了在基辅"列宁熔炉"工厂、塔甘罗格"红色液压机"工厂、列宁格勒"无产阶级"工厂和考纳斯"胜利"生产联合体新建或改建出调距螺旋桨和叶轮推进器专用生产车间的方案，并使苏联工厂的调距螺旋桨年产量达到 140 部，叶轮推进器年产量达到 40 部。

当苏联第二代潜艇在设计上部分过渡到单轴方案时，需解决的主要问题是在降低噪声和提高关键运行速度之间取得平衡。因此，串联螺旋桨技术方案被提出。顾名思义，串联螺旋桨即由两个螺旋桨组成，在同一根轴上前后排列朝着同一个方向旋转。采用这种技术方案时，推进器叶片的单位负荷降低，总推力中的大部分被转移到了后螺旋桨上，后螺旋桨依靠前螺旋桨的诱导速度在部分平直流（均匀流）中运作。实现串联螺旋桨低噪声的主要难题，是需确定前、后螺旋桨推力的最佳比例，以使最初的空穴源同时出现在两个螺旋桨上。苏联在空穴管和其他实验室装置中的研究表明，与传统的低噪声螺旋桨相比，使用串联螺旋桨时，潜艇的临界速度可以增大约 1.3 倍；但由于黏滞损失的增加，经过彻底调试的推进器损失了 4%—5% 的推进效率。尽管有着降低推进效率的缺点，串联螺旋桨还是成为技术上合理妥协的成功例子。1968 年和 1970 年，苏联螺旋桨开发者分别在两艘核潜艇上进行了测试，证实了串联螺旋桨的效用，它取代导流管螺旋桨成为潜艇的标准推进器，一直装备使用到 70 年代末，直到苏联方面对潜艇推进器提出更高的要求。

之后由于对螺旋桨几何形状、结构设计的要求越来越高，苏联在各类螺旋桨制造上开始投入巨大人力。为提高劳动生产率，满足对定距螺旋桨、七叶螺旋桨叶片、调距螺旋桨叶片的需求，"螺旋桨"科研生产联合体作为潜艇推进器制造骨干企业，与"修理创新工艺改进"科研生产联合体、国家设计研究院、结构材料中央科研院共同制订了螺旋桨生产发展改进计划，立项并改建了列宁格勒波罗的海造船厂、"星形齿轮"工厂、塔甘罗格"红色液压机"工厂、泽列诺多利斯克造船厂的螺旋桨生产车间，同时在这些工厂引入了新铸造生产方法。为这些工厂配备苏联国产机床（如 PBД-90A）和外国进口机床（70 年代中期和 80 年代先后从法国 Forest 公司、日本东芝公司进口机床），降低了制造螺旋桨的劳动强度和手工作业量，大幅提高了产品质量。其中"红色液压机"工厂的螺旋桨年产量达到 2 500 部，泽列诺多利斯克造船厂的螺旋桨年产量达到了 800 部，波罗的海造船厂和"星形齿轮"工厂则负责为所有在建的各类船只供应七叶螺旋桨叶片及调距螺旋桨，还实现了出口。

经过大量研究和计算，1979 年苏联技术人员提出对正在建造的第三代潜艇采取系列技术措施，减少螺旋桨在声谱低频范围内的噪声水平。当中最大胆的技术方案，就是为潜艇配备带剑刃形叶片的七叶螺旋桨。增加螺旋桨叶片的数量能够降低叶片频率放射水平，但存在一定的风险（与苏联以往的经验不同，没有对实验设计进行初步实地测试）：在当时还在采用传统外部结构的单轴潜艇尾部速度场实际构造中使用偶数叶片，是十分不利的；然而要采用影响较小的九叶螺旋桨，又存在很大的工艺难题。最后在 20 世纪 80 年代初，七叶桨方案经由权威的跨部门评审委员会彻底查验后才被接受。

80 年代中期，苏联海军开始反馈 7 种潜艇安装新型低噪声螺旋桨后的全面测试结果，所有报告的评价都积极正面：螺旋桨设计者兑现了承诺，与旧型号螺旋桨相比，新型螺旋桨的次声范围噪声水平下降了三分之二到四分之三（苏联在第三代潜艇的首艇中预先测试了旧型号螺旋桨）。

进入新世纪后，"星形齿轮"工厂在 2014 年与捷克的斯柯达公司合作，投资 1.95 亿卢布对已经运行了近 40 年的 РВД-90А 数控铣镗床进行现代化改造，完成改造后的机床能够同时实现 11 个轴坐标程序控制。其次是投资 1.05 亿卢布引入第二台斯柯达 FCW-150 铣镗钻机床，用于螺旋桨及其他工件的五轴联动加工制造，首台 FCW-150 于 2006 年进入"星形齿轮"工厂的螺旋桨制造车间。

20 世纪 80 年代，苏联在莫斯科、列宁格勒和新西伯利亚开始陆续建设新厂，与日本发那科（FANUC）公司联合生产工业机器人，同时为合资企业的创立大开"绿灯"：出现了同瑞士、瑞典、东德和西德组建的合作公司。如克拉斯诺达尔谢金机床厂，该厂后来与日本小松制作所合作生产立式车床，并返销日本；该厂与希斯公司组建"谢金-希斯"合资公司，生产多功能立式车床和柔性生产单元，并向日本、加拿大、韩国、意大利、法国等出口数控机床。苏联既向许多国家出口设备，也从国外得到供应，机器人、现代化自动生产线出现在苏联工厂车间里，也算是冷战末期苏联同西方经济与科技交流碰撞的直观体现。

成立于 1953 年的伊万诺沃重型机床厂，到 1973 年成为苏联专门生产加工中心和卧式车床的企业，该厂从 1970 年开始产出了近 3 000 台加工中心，产品出口到德国（包括当时的西德）、日本、意大利、瑞典、法国和芬兰。伊万诺沃重型机床厂在 80 年代为下塔吉尔的乌拉尔车辆厂完成了大型项目，提供了由 23 台 ИР1600МФ4 型自动换刀四坐标加工中心（拥有五坐标，其中四个是可控坐标）组成的"伊万诺沃-乌拉尔"柔性生产系统综合设备。

改造前（上）和改造后（下）的 РВД-90А 数控铣镗床

该机床用于机械加工螺旋桨和质量达 70 吨、直径达 9 米的其他大尺寸零件，至 2014 已运作了近 40 年。

ИР1600МФ4 型重型自动换刀四坐标加工中心的技术参数

工作机构行程（毫米）	工作台横向行程（X 坐标）	8 000—无限
	主轴箱垂直行程（Y 坐标）	2 500（3 200）
	支座纵向行程（W 坐标）	1 250
	镗杆（镗削主轴）行程（Z 坐标）	1 000
主驱动装置功率（千瓦）		40（50）
刀库容量（件）		80
刀具最大重量（千克）		30
换刀时间（秒）		40
机床尺寸（毫米，长×宽×高）		17 800×5 000×8 500
机床总质量（吨）		85

　　到 1990 年，苏维埃俄罗斯的各个企业中有超过 15 万台数控机床在运行，机械加工设备产量排名世界第三，仅次于德国和日本，设备消费量排名世界第二。当时仅苏维埃俄罗斯的金属切削机床、锻压机和其他机械总数就达 250 万台，而全苏联共达 500 万台。

参 考 文 献

一、俄文

（一）著述

Г. Арбатов., А. А. Васильев., Е. П. Велихов. Космическое оружие: дилемма безопасности [М]. Москва: Мир, 1986.

Ахромеев. С. Ф., Корниенко. Г. М. Глазами маршала и дипломата [М]. Москва: Международные отношения, 1992.

М. В. Тарасенко. Военные аспекты советской космонавтики [М]. Москва: Николь, 1992.

Голубев О. В., Каменский Ю. А., Минасян М. Г., Пупков Б. Д. Российская система противоракетной обороны [М]. Москва: Техноконсалт, 1994.

Семенов Ю. П. (Гл. ред.). Ракетно-космическая корпорация "Энергия" имени С. П. Королева (1946–1996). Том 1 [М]. Москва: Ракет. -косм. корпорация "Энергия", 1996.

Городничев. Ю. П. (ред.). Государственный космический научно-производственный центр им М. В. Хруничева. 80 лет [М]. Москва: РУССЛИТ, 1996.

Б. И. Губанов. Триумф и трагедия "Энергии". Размышления главного конструктора. том 3: "ЭНЕРГИЯ" — "БУРАН" [М]. Нижний Новгород: Издательство НИЭР, 1998.

Б. И. Губанов. Триумф и трагедия "Энергии". Размышления

главного конструктора. том 4: "ПОЛЁТ В НЕБЫТИЕ" ［М］. Нижний Новгород: Издательство НИЭР, 1999.

Квицинский Ю. А. Время и случай: Заметки профессионала ［М］. Москва: ОЛМА-Пресс, 1999.

А. П. Завалишин. Байконурские университеты: Зап. ветерана-испытателя ［М］. Москва: Машиностроение, 1999.

Под ред. С. И. Конюхова. Ракеты и космические аппараты Конструкторского бюро «Южное» ［М］. Днепропетровск: ГКБ «Южное» им. М. К. Янгеля, 2000.

Ильин В. Е. Стратегические бомбардировщики и ракетоносцы России ［М］. Москва: Астрель, 2000.

Ганин С. М., Карпенко А. В., Колногоров В. В. Отечественные бомбардировщики. Часть 1 ［М］. Спб: Бастион, 2001.

Михаил Первов. Системы ракетно-космической обороны России создавались так ［М］. Москва: Авиарус-XXI, 2003.

В. П. Мисник. Центральный научно-исследовательский институт "Комета": 30 лет ［М］. Москва: Оружие и технологии, 2003.

Под ред. С. И. Конюхова. Призваны временем. Ракеты и космические аппараты КБ «Южное» ［М］. Днепропетровск: АРТ-ПРЕСС, 2004.

Под редакцией академика РАРАН В. Г. Дегтяря. Составители: Р. Н. Канин, Н. Н. Тихонов. СКБ-385. ГРЦ "КБ им. академика В. П. Макеева" ［М］. Москва: Военный Парад, 2007.

С. Е. Пугаченко. Проектирование орбитальных станций. В 3 ч. Ч. 1. Общие вопросы проектирования орбитальных станций : учеб. пособие ［М］. Москва: МГТУ им. Н. Э. Баумана, 2011.

（二）报刊文章

В. В. Палло. Программа КБ "Салют": космические дали или космические миражи? [J]. Земля и Вселенная，1992（2）.

Ю. П. Корнилов. Неизвестный "Полюс" [J]. Земля и Вселенная，1992（4）.

Ю. В. Вотинцев. Неизвестные войска исчезнувшей сверхдержавы [J]. Военно-исторический журнал，1993（9）：34.

Сергей. Александров. Меч, ставший щитом [J]. Техника-молодежи，1998（4）：31-34.

П. В. Зарубин. Академик Басов，мощные лазеры и проблема противоракетной обороны [J]. Квантовая электроника，2002，том 32（12）：1051-1052.

Андрей. Гаравский. Космический совет в Филях [N]. Красная звезда，2002-01-23.

Владимир. Кострижицкий. РЛС «Дон-2Н»: разработка на вес золота [N]. Военно-промышленный курьер，2019（39-41）.

В. Мохов. Новые звездные войны: орбитальные батареи — к бою! [J]. Новости космонавтики，2003（4）：58.

Таликов Н. Самолет Ил-76 и его транспортные модификации [J]. Авиация и космонавтика，2003-04（91）.

Константин. Лантратов. "Звездные войны"，которых не было [EB/OL]. http://buran. ru/htm/str163.htm. 2005-01.

Кардашев М. А. От гонки вооружений к гонке разоружений，или Петля для России [N]. Независимое военное обозрение，2009（42）.

Ригмант В. Долгая дорога к Ту-160 [J]. Авиация и космонавтика，2006（2）.

（三）档案

Архив В. Л. Катаева, коробка 8, документ 13.8 [A]. The Hoover Institution on War, Revolution, and Peace.

二、英文文献

（一）著述

Soviet Capabilities for Strategic Nuclear Conflict, 1983 - 1993, Volume I — Key Judgments and Summary [R], National Intelligence Estimate NIE 11-3/8-83, 1984-03-06.

Ballistic Missile Defense Technologies [M], US Congress, Office of Technology Assessment, OTA-ISC-254 (Washington, DC: US Government Printing Office), 1985-09.

Kenneth W. Thompson, ed. Richard Garwin on Arms Control [M]. Lanham, MD: University Press of America, 1989

Shultz George Pratt. Turmoil and triumph: My years as secretary of state [M]. New York: Scribner, 1993.

Don Oberdorfer. From the Cold War to a New Era. The United States and the Soviet Union, 1983 - 1991, Updated edition [M]. Baltimore: Johns Hopkins University Press, 1998.

（二）报刊文章

USAF Flight Tests Asat Weapon [J]. Aviation Week & Space Technology, 1984-01-30, p. 19.

Air Force Tests Antisatellite Payload [J]. Aviation Week & Space Technology, 1984-11-19, p. 28.

Test Asat Launched Autonomously From USAF F-15 Carrier Aircraft [J]. Aviation Week & Space Technology, 1985-10-07, p. 18.